技工院校公共基础课程劳动教育教材

工匠精神
——匠艺铸就璀璨未来

GONGJIANG JINGSHEN
JIANGYI ZHUJIU CUICAN WEILAI

主编　李岩

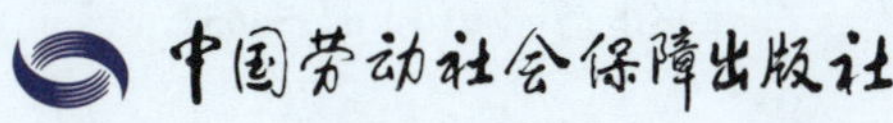

图书在版编目（CIP）数据

工匠精神：匠艺铸就璀璨未来 / 李岩主编 . 北京：中国劳动社会保障出版社，2024. --（技工院校公共基础课程劳动教育教材）. -- ISBN 978-7-5167-6772-6

Ⅰ. B822. 9

中国国家版本馆 CIP 数据核字第 2024PY8458 号

中国劳动社会保障出版社出版发行

（北京市惠新东街 1 号　邮政编码：100029）

*

保定市中画美凯印刷有限公司印刷装订　　新华书店经销

787 毫米 ×1092 毫米　16 开本　7.5 印张　128 千字

2024 年 12 月第 1 版　　2024 年 12 月第 1 次印刷

定价：19.00 元

营销中心电话：400-606-6496

出版社网址：https://www.class.com.cn

https://jg.class.com.cn

前言

工匠精神在我国有着悠久的历史，从孕育产生到发展传承，经历了漫长的演变过程。我国历史上有无数值得赞美的创造发明和重大工程：距今 2 000 多年的秦朝陶制兵马俑，已持续运行 2 200 余年的护水之“智”都江堰水利工程，举世闻名的中国古代桥梁瑰宝赵州桥等，这让我们看到了中国古代工匠的伟大创造，看到了工匠们的辛勤劳动和卓越技艺，这些卓越的技艺彰显了中华文明和中国智慧，彰显了工匠精神的深厚底蕴，其价值历久弥新。

大国有工匠，工匠铸重器。

今天的中国，国产大飞机 C919 展翅翱翔，神舟飞船奔赴“天宫”，“中国天眼”探秘宇宙，中国高铁飞驰全球，澳珠港大桥一桥连三地……一系列大国重器、一个个超级工程、一项项科技成就竞相涌现，这背后是无数大国工匠、能工巧匠精于工、匠于心、品于行的无私奉献。

习近平总书记在全国劳动模范和先进工作者表彰大会上指出：“在长期实践中，我们培育形成了爱岗敬业、争创一流、艰苦奋斗、勇于创新、淡泊名利、甘于奉献的劳模精神，崇尚劳动、热爱劳动、辛勤劳动、诚实劳动的劳动精神，执着专注、精益求精、一丝不苟、追求卓越的工匠精神。”劳模精神、劳动精神、工匠精神是以爱国主义为核心的民族精神和以改革创新为核心的时代精神的生动体现，是鼓舞全党全国各族人民风雨无阻、勇敢前进的强大精神动力。

执着专注是工匠坚定不移、专心致志做事情的精神状态；精益求精是把事情做得非常出色，但还要打造极致的品质要求；一丝不苟是做事严谨、认真细致的职业态度；追求卓越是自我超越、不断突破的信念追求。这些特质互为表里，相辅相成，共同构成了新时代奋勇向前的强大精神动力。

惟匠心以致远。

“火箭心脏焊接人”高凤林突破极限精度，破解难题，让中国火箭映亮苍穹。特高压“带电超人”胡洪炜爬上铁塔，横穿特高压，守护着岁月通明，灯火万家。文物修复师吴顺清几十年如一日，辛勤耕耘在文物保护第一线，让沉睡遗珍重绽时代光华。盾构机总设计师张帅坤参与研发的盾构机一次次穿江过海，实现并见证了国产盾构机从无到有……以平凡创造非凡，以至真追求至臻，无数的优秀劳动者都在用自己的行动诠释着“匠艺、匠魂”。新时代，工匠精神已成为推动高质量发展行稳致远的内在精神动力。

青年有为，舞台广阔。

如今，全社会对技能人才的关注度比以往更高，也为技能人才提供了更多切磋技艺的机会和平台。越来越多的青年学子树立技能理想，坚定技能信念，勤学苦练、敢为人先，走上技能成才、技能报国之路，成为工匠精神的践行者和时代使命的担当者。

奋斗铸就梦想，匠心点亮未来。新时代，青年学子应主动适应新一轮科技革命和产业变革，不断学习新知识、掌握新技能、增强新本领；大力弘扬工匠精神，执着专注、精益求精、一丝不苟、追求卓越。胸怀技能报国之志，脚踏实地、刻苦钻研、努力拼搏，始终保持昂扬奋斗的前进姿态，在实现民族复兴的赛道上奋勇争先，用实际行动书写不负时代、不负韶华的青春华章！

由于水平有限，书中难免有疏漏和不妥之处，敬请广大师生在使用过程中提出宝贵意见，以便我们今后加以改进。请将相关意见和建议反馈至邮箱：ggk@class.com.cn。

编者

2024 年 9 月

目录

绪　论

工匠之道　继往开来薪火传

加快建设国家战略人才力量，努力培养造就更多大师、战略科学家、一流科技领军人才和创新团队、青年科技人才、卓越工程师、大国工匠、高技能人才。

——党的二十大报告

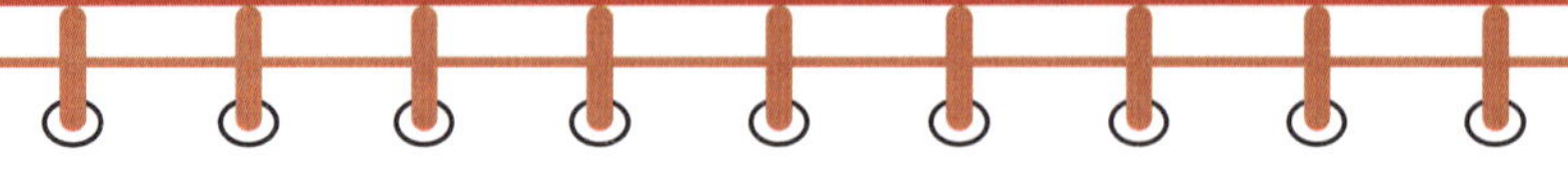

* 工匠在我国有着悠久的历史。
* 让我们一起来探究工匠渊源和工匠精神的时代价值。
* 大国工匠是我们中华民族大厦的基石、栋梁。

工匠，是指有手艺专长的人。能工巧匠、匠心独运、巧夺天工、鬼斧神工等成语就是对工匠及其技艺的赞誉之词。在我国悠久的历史长河里，鲁班、欧冶子、蔡伦、毕昇、李春、黄道婆……这些著名的工匠，均以杰出的智慧、精湛的技艺、非凡的创造为后世留下了丰富的物质遗产和宝贵的精神财富。千百年来，工匠以技能为立身之本，创造了灿烂的工匠文化。

转瞬间，时间到了 2015 年，一部名为《大国工匠》的系列纪录片在中央电视台黄金时段开播。从这天起，全中国人民都知道了高凤林、胡双钱、周东红、孟剑锋、宁允展、顾秋亮……他们个个身怀绝技，用智慧和双手缔造了一个又一个神话般的“中国制造”。

2022 年 10 月，中国共产党第二十次全国代表大会在北京开幕。党的二十大报告提出，加快建设国家战略人才力量，努力培养造就更多大师、战略科学家、一流科技领军人才和创新团队、青年科技人才、卓越工程师、大国工匠、高技能人才。首次将大国工匠、高技能人才和战略科学家、卓越工程师并列起来，纳入国家战略人才行列。

追本溯源，历史一页一页地翻写着自己的华章，无论哪一页，无数能工巧匠们都用他们的智慧和汗水留下了辉煌的印记，形成了绵延不绝的工匠之道。

一、工匠渊源

工匠在我国有着悠久的历史。《说文解字》的解释为：“工，巧饰也，象人有规矩也。”“匠，木工也。从匚、从斤。斤所以作器也。”“匠”是个会意字，本义是木工所用的斧类工具。据此可知，“匠”在古代特指木工，但随着时代的发展及字词的演变，“匠”逐渐被运用到所有行业中的技术类工种之上，即从事一定程度技术工作的人即可称为“匠”。我国工匠艺人在长期的劳动过程中创造出了无数优秀的手工业文明成果。

专题阅读

江西仙人洞遗址出土世界最古老陶器

2012 年，北京大学考古文博学院吴小红教授、张弛教授发表的论文《中国仙人洞遗址两万年陶器》，用缜密的科学逻辑和先进的技术手段，证实了我国江西省万年县仙人洞新石器时代古人类生活洞穴遗址中出土的陶器，距今大约为两万年。这个结论，将世界最早陶器出现的时间向前推进了一万年左右。

仙人洞遗址经过考古专家的多次发掘，出土了大量陶器、石器、骨器、蚌器等人工制品。其中，陶器的出现引起了学术界的高度关注，因为陶器被公认为是人类文明发展的重要标志。

经测定，仙人洞遗址出土的陶器，主要成分是黏土、沙砾和打碎的贝壳。古人做出坯体后，雕出纹饰，阴干，再用火进行烧制。用火烧制陶器，可以让陶器坯体中的水分和其他挥发性成分与坯体轻易分离；黏土中较粗糙的沙砾、贝壳可以在冷却时限制陶器坯体的内部收缩，尽量降低陶器破裂的可能性。

经过复原的仙人洞遗址陶器

制造和使用工具，是人与动物区别的关键之一。古人类最早制造的工具大多是对天然物的利用或简单加工，如木棒、竹片、石斧等。这些工具，古人经过简单的学习就可以制造出来，但陶器制作就不同了，是只有少数人经过专门研究和学习才能掌握的技艺。因此，可以说，仙人洞遗址陶器的制造者，就是我们迄今为止发现的、人类发展史上的第一批工匠——我们可以把他们叫作“陶工”。虽然他们的名字无从知晓，也不可能知晓，但他们留下的技艺被后人传承、发展，乃至到了工业发达的今天，陶器依旧是我们的日常用品——大到酱缸、酒坛，小到碗碟、茶壶，而且其制造原理也和当初基本一致。

由于当时的人类对自然的认识能力和技术水平非常有限，做出来的陶器用今天的眼光来看是非常粗糙的。但是，有两点极为可贵的精神与制陶技艺一起流传了下来，并对今天的工匠产生了深远的影响。

一是那时的陶器将底部都做成圆球形。现代科技证明，这是减小烧制过程中陶器坯体开裂风险的最佳形状。可见，古人类在他们那个时代，就对技术工艺进行了不断探索。正是这种探索精神，使得后来的陶器制造工艺实现了非同寻常的进步，可以将陶器做出千姿百态的造型以适应各种需要。

二是那时的陶器大多在表面做了一定的纹饰。爱美，也许是人类的天性，哪怕用极其简陋的线条，古人类也要表达这种天性。这些线条大多被雕刻成绳状，即便用今天的眼光来审视，也能感受到这些纹饰所蕴含的情感。这是对美的追求，由此也引发了后代工匠将陶器制作和艺术创造合二为一的执着追求。

距今 2000 多年的秦朝陶制兵马俑，今天被誉为“世界第八大奇迹”，不但数量惊人，更重要的是，无论士兵还是将军，每个人物的造型都各有特点，栩栩如生，犹如秦人穿越时空来到现代，其设计和制作工艺已经到达了令人叹为观止的境界。考古专家从这些陶俑身上发现了 80 多个陶工的名字。可以肯定，这是一群秦国最优秀的陶工，也是迄今为止我们能够知道姓名的最早的工匠，他们用精湛的技艺创造性地完成了这项繁复、浩大的工程。他们肯定没有想到，自己的劳动成果在 2000 多年后能够成为杰出的世界文化遗产，为后人景仰，并激励人类社会向着更加文明的时代迈进。

探究与思考

从古人制作陶器的技艺中，你得到了什么启发？如果你是古代陶工，会如何制作陶俑呢？

青铜器是一种世界性文明的象征，最早的青铜器出现在距今 6000 年前。大型铜刀是早期青铜器的代表。中国的青铜器出现较晚，大约出现在 4000 年前。中国工匠在青铜时代的中后期制造的青铜器不但品类繁多、工艺复杂、造型独特、意蕴丰厚，而且极其精美，在世界青铜器史上有崇高的声誉和宝贵的艺术价值。

专题阅读

中国古代青铜器的瑰宝——四羊方尊

陕西省宝鸡市是中国的青铜器之乡，这里出土了毛公鼎、散氏盘等数万件青铜器。由于青铜器完全由手工制造，所以没有两件器物是一模一样的，每一件都是独一无二、举世无双的。

在目前已经出土的青铜器中，有一件“四羊方尊”，被誉为“中国最美青铜器”。它高 58.3 厘米，重 34.5 千克，是我国十大传世国宝之一。方尊造型典雅，纹饰精美繁复。通体以细腻的云雷纹为衬底，颈部装饰有夔龙纹组成的蕉叶纹与带状饕餮纹。尊体肩上有 4 条高浮雕盘龙，肩部的 4 角是 4 个卷角羊头，羊头伸出器外，羊身附于尊体腹部，装饰有长冠鸟纹。羊腿附于圈足之上，圈足装饰有夔龙纹。整个器物采用了圆雕与浮雕相结合的装饰手法，将四羊与器身巧妙地结合为一体，并把平面纹饰与立体雕塑融会贯通，恰到好处。四羊方尊采用两次分铸技术铸造，先将羊角与龙头单个铸好，再进行整体浇铸，显示了我国当时最高的青铜器铸造水平。在商代青铜方尊中，四羊方尊实现了技术与艺术无与伦比的完美结合，是臻于极致的青铜典范。

掌握好技术、练就好手艺，是古代工匠谋生的必备条件，也是古代工匠精神的基本要求。古代工匠用自己的智慧和汗水，制作出了如此巧夺天工之物，是我国工匠技艺具有悠久历史的实物见证。

专题阅读

一代祖师鲁班

鲁班是中国建筑鼻祖、木匠鼻祖，春秋时期鲁国人。木工师傅们用的手工工具，如钻、刨子、铲子、曲尺，画线用的墨斗，据传说都是鲁班发明的。这些工具都不是偶然被发明的，而是在大量的实践当中，经过反复的研究才获得的。例如，相传在野外，鲁班的手被一种野草的叶子划破了，渗出血来，他摘下叶片轻轻一摸，原来叶子两边长着锋利的齿，他用这些密密的小齿在手背上轻轻一划，居然割开了一道口子。鲁班从这件事上得到了启发并且发明了锯子这个工具。除了日常生活所用的工具，鲁班也发明了很多兵器。例如，《墨子·鲁问》记载鲁班将钩改制成舟战用的“钩强”，楚国军队用此器与越国军队进行水战，越船后退就钩住它，越船进攻就推拒它；《墨子·公输》则记载鲁班将梯改制成可以凌空而立的云梯，用以攻城。

探究与思考

请想一想，鲁班能成为“一代祖师”最重要的原因是什么？中国古代工匠具有什么样的特点？

古人钻研技艺、发明创造的故事，实际上是古代劳动人民长期执着钻研的故事，是我国工匠精神源远流长的历史写照，体现了道技合一、物我一致的境界，这种深厚的工匠精神代代传承。

二、工匠价值

古今中外，工匠都是一个庞大的社会群体，他们辛勤劳作，为国家、社会和人民提供各种生产、生活所必需的产品；他们钻研技艺、不断革新，有效促进着社会生产力和产品质量的持续提升；他们创造价值、积淀文化、凝聚精神，推动着人类社会的文明之旅不断前行。他们中的佼佼者，甚至能够以自己的智慧和成果，在自己辛勤劳作的领域引领变革、造福时代、福泽未来。

自“工匠精神”在 2016 年全国两会首次被写入政府工作报告以来，多次出现在全国两会的政府工作报告中。新时代，“工匠”被赋予了更多意义，它不再局限于从事手工劳动的艺人，而被扩展到社会各行各业的从业者。工匠可以是生产线上的技术工人，也可以是救死扶伤的医护人员。如今，以中国式现代化全面推进强国建设，需要各行各业的能工巧匠。“工匠精神”作为一种优秀的职业道德文化，它的传承和发展契合了时代发展的需要，具有重要的时代价值与广泛的社会意义。

专题阅读

都　江　堰

在秦始皇下令修长城的数十年前，四川平原上已经完成了一个了不起的工程。它的规模从表面上看远不如长城宏大，却注定要稳稳当当地造福后人千年。如果说，长城占据了辽阔的空间，那么，它却实实在在地占据了邈远的时间，至今还在为无数民众输送汩汩清流。有了它，旱涝无常的四川平原成了天府之国。

它，就是都江堰。

设计和建造都江堰的人，叫李冰。大约在公元前 277 年至公元前 250 年，李冰受命治理岷江水患。从此，他偕自己的儿子历经数载，沿岷江实地考察，反复研究，提出了治理水患必须遵循的“深淘滩，低作堰”的六字真经和“遇湾截角，逢正抽心”的八字箴言。直到今天，这个“真经”和“箴言”依然是当代水利工程设计建造的准则。在修筑都江堰的过程中，李冰父子日夜守在工地，随时研究解决工程中的各种问题，发明了用竹笼装满鹅卵石沉江堵水的技术，以此战胜湍急的江水，筑成了分水大堤；运用了燃烧木材炙烤坚硬崖壁的技术，劈开玉垒山，凿成宝瓶口……李冰还做石人立于水中，作为观测水位的标尺；做石犀埋在内江中，作为岁修时淘挖泥沙、疏浚河道的深度标准……

都江堰的修建，以不破坏自然资源、充分利用自然资源为人类服务为前提，变害为利，使人、地、水三者高度和谐统一，是全世界公认的一项伟大的“生态工程”。1872 年，德国地理学家李希霍芬在其著作中专章介绍都江堰，称赞“都江堰的建造和灌溉方法之完善，世界各地无与伦比”。2000 年，都江堰被联合国教科文组织列入世界文化遗产名录。

都江堰这一利民工程彰显了中华文明和中国智慧，同时也体现了中华民族工匠精神的鲜明特色。

探究与思考

请搜集都江堰的相关资料，说一说都江堰具备哪些功能，李冰父子建造都江堰时用了哪些创造性的方法，对你有什么启示。

105 年，蔡伦将一种新型的纸张献给汉和帝。这之前，人们都是把字写在或刻在竹片上，再编成册，叫作竹简；或者将字写在特制的丝绸上，叫作帛书。丝绸很贵，而竹简又太笨重。蔡伦带领工匠们用树皮、麻头以及破布、渔网造出了现代意义上的纸张。在此基础上诞生的宣纸，经唐朝以来历代工匠的不断改良，现在不但依然得到广泛应用，还被誉为“纸中之王、千年寿纸”。

1041—1048 年北宋庆历年间，毕昇发明了胶泥活字印刷技术。他在胶泥块上刻字，一字一印，用火烧硬后，成为活字。印刷时，使用活字排版，一字多用，重复使用。这之前，印刷都是采用整版雕刻，费时费力，一字刻错，整版报废。活字印刷技术是一个质的飞跃，对后世印刷术乃至世界文明的进步有着巨大而深远的影响，其技术一直沿用到 20 世纪 80 年代，直到被激光照排技术替代。

1295 年，年已 50 的黄道婆返回家乡松江府乌泥泾镇（今上海市徐汇区华泾镇）。20 岁的时候，出身贫寒的她，只身流落崖州（今海南三亚西北），劳动、生活在黎族姐妹中，并师从黎族人民，学会运用制棉工具和织崖州被的方法。30 年后，她把在崖州学得的棉纺织技术带回家乡，并经过改革，创造出了一套先进的棉纺工具和纺织技术。在她的传授和推广下，一时乌泥泾被不胫而走，广传于大江南北；后来松江地区的棉纺织业呈现出空前盛况，松江棉布远销全国各地，获得“衣被天下”的美称。黄道婆的纺织技艺不仅惠泽故里、造福一方，还极大地推动了我国元代棉纺业的发展，她被后世尊为布业的始祖。

我国古代工匠对职业的尊重，对专业精神的信仰，对技艺传承的执着，对师徒情义的注重，无一不体现出我国古代工匠精神的价值意蕴。

如今，我国正处在大力推进新型工业化的关键时期。新型工业化通过创新发展，加快建设制造强国、质量强国、数字中国，更需要劳动者弘扬勇于创新的工匠精神。20 世纪 80 年代，青岛港吊桥司机许振超看到国际上兴起了新的集装箱装卸运输方式——无人桥吊运输，这成为一颗“种子”深深地埋进了他的心里。1984 年，青岛港组建集装箱公司，许振超凭借过硬的技能和对设备的熟知，被选为第一批桥吊司机。他坚持技能报国，带领团队开展科技攻关，屡次刷新集装箱装卸世界纪录，创造了“振超效率”。2024 年 9 月，许振超获得“人民工匠”国家荣誉称号。新时代，一大批像许振超这样敢于创新的技术工匠，践行工匠精神，不断追求卓越，为中国经济的转型发展注入了活力。

2020 年 11 月，习近平总书记在全国劳动模范和先进工作者表彰大会上指出，在长期实践中，我们培育形成了“执着专注、精益求精、一丝不苟、追求卓越的工匠精神”。新征程上，我们仍然需要工匠精神。

探究与思考

你认为一项精湛的技艺是怎样练成的？

三、大国工匠

2024 年 3 月，习近平总书记参加十四届全国人大二次会议江苏代表团审议，同来自中车南京浦镇车辆有限公司的巾帼电焊工孙景南代表交流时指出，大国工匠是我们中华民族大厦的基石、栋梁。交通行业一步一步往前，走在国际的前头，这里面很重要的就是工匠，光图纸设计得好还不行，最后要落实到焊工手里。我们要树立工匠精神，把第一线的大国工匠一批一批培养出来。

专题阅读

郭锐：50 多万个零部件都要做成精品

郭锐，党的二十大代表，第十三届全国人大代表，中车青岛四方机车车辆股份有限公司（简称中车四方）钳工、首席技师。

作为中国高铁建设者，郭锐见证了“复兴号”的每一步创新实践。从“和谐号”到“复兴号”，郭锐和他所在的团队为 1 600 多列高速动车组装配转向架。如今，这些列车已经安全运行超过 40 亿千米。

“爷爷辈造蒸汽机车，父辈造绿皮车，我造高速动车组。”郭锐一家三代都是铁路人，1997 年他从技工学校毕业后，进入中车四方工作。“第一次接触高铁装配，是在 2006 年。”那时，公司开始制造时速 200 千米的高速动车组。组装转向架的重任落到了郭锐团队的肩上。

“转向架就是高铁的‘腿’。高铁跑得又快又稳，全靠转向架和它的零部件。”郭锐说，转向架装配部件有上千个，装配尺寸数据记录有上万条，装配精度更是以微米计算。当时，国内在动车组转向架装配领域的研究刚刚起步。为了摸清原理，郭锐和同事们以厂为家，通宵达旦搞试验。没有操作手册就从零起步。他们用54天时间查阅资料，资料垒起来有2米多高。资料搜集完成后，再学习、消化、吸收，郭锐记细节，同事记步骤，笔记有10多万字。历时两个多月，郭锐终于带领团队成功攻克10余项装配技术难题，其中，他独创的“四点等高支撑调整先进操作法”开创行业先河，有力保障了我国首批动车组上线。

此后，时速350千米的“复兴号”动车组进入试制的关键阶段，郭锐又接到了“复兴号”转向架的装配任务。由于“复兴号”转向架采用全新轴箱体设计，装配精度要求极高，难度极大。接到攻关任务后，郭锐带领团队泡在生产车间，连续一周白天黑夜连轴转，先后设计了90种装配方案，经过上千次反复验证，最终找出了最佳装配方案，解决了制约“复兴号”转向架装配的难题。

“复兴号动车组上有50多万个零部件，每一个零部件，都要做成精品。”郭锐说。2021年，郭锐的履历中又新增了一项国家级荣誉，他成为素有“工人院士”之称的中华技能大奖奖项获得者。这位国内高速列车转向架装配技术的带头人，再次凭借自己的专业、敬业获得了国家和社会的认可。“我们技能人才赶上了好时代，一个培养和造就高素质技术工人的新时代。”郭锐说。

探究与思考

你如何理解郭锐说的“我们技能人才赶上了好时代，一个培养和造就高素质技术工人的新时代”这句话？

新时代工匠的躬耕不辍、精进不息，化作国之重器、国之底气，托起了我们迈向中国式现代化的梦想荣光。国家发展需要大国工匠，迈向新征程需要大力弘扬工匠精神。

新时代的中国工匠精神，既是对中国传统工匠精神的继承和发扬，又是在当前经济社会发展形势下对新型工匠内涵的挖掘和创新；既是为全面建设社会主义现代化国家而产生，又是中国精神在新时代的一种新的表现形式，它与劳模精神、劳动精神构成一个完整的体系，成为激励广大劳动者积极投身强国建设、民族复兴的伟大精神力量。

专题阅读

游弋：从农民工到全国技能大师的新时代工匠

游弋是河南能源化工集团永煤公司的主副井电工班班长，高级技师，曾获得全国劳动模范、全国技术能手、全国五一劳动奖章、全国煤炭行业技能大师、全国职工职业道德建设标兵个人等荣誉称号，是国家级技能大师工作室带头人。

从一个仅具有初中文化的普通劳务工成长为全国煤炭行业技能大师，游弋始终扎根生产一线，不断深化和发展煤矿工人特别能战斗的精神内涵，潜心钻研，致力创新，围绕矿井减人提效和安全生产，在矿井提升系统改造和煤矿专用工具设计等方面，先后获得多项国家专利，完成创新成果百余项，部分成果填补国内空白。

参加工作之初，面对企业主井成套设备从德国进口、说明书均为英文和德文的情况，游弋虚心请教、刻苦钻研，努力提升技能，利用半年的时间吃透了上百张外文电路图纸，成为企业内第一个玩转“洋设备”的本土专家。

2016 年，煤矿主井进口交流同步电动机磁极绕组需要更换。磁极绕组质量大，与磁极座配合精密，拆装磁极绕组是一项复杂而又细致的工作。以往拆装磁极绕组时，都是靠人工借助起重机和手拉葫芦相配合的方式进行，不但耗时费力，而且因作业空间狭小，稍有不慎，就会致使磁极绕组损坏甚至造成人身伤害事故。

为彻底解决这一难题，游弋自我加压，独立设计出一套拆装专用工具，将推拉磁极绕组的移动精度控制在毫米以内，施工人员由20人减少到6人，速度由10个小时拆装一个提高到4.5小时拆装2个，拆装效率大大提高，并且彻底消除了拆装过程中潜在的安全隐患，保证了拆装安全。

游弋立足岗位需求，把企业安全生产的难点、提质增效的重点、节支增收的关键点，作为技术创新的出发点、着力点和落脚点，扎实开展创新创效，先后完成了多个重大应用型创新项目，为企业创造了巨大的经济效益。

知识链接

各地工匠日一览

设立“工匠日”有利于提升技能人才的职业荣誉感，以进一步弘扬劳模精神和工匠精神，促进职业教育和制造业高质量发展。目前杭州、苏州、柳州、咸阳、青岛等地已设立地方“工匠日”。

* 浙江杭州将每年的9月26日设立为“杭州工匠日”。

* 江苏苏州将每年的 4 月 28 日设立为“苏州工匠日”。

* 广西柳州将每年的 4 月 26 日设立为“柳州工匠日”。

* 陕西咸阳将每年的 4 月 27 日设立为“咸阳工匠日”。

* 山东青岛将每年的 7 月 26 日设立为“青岛工匠日”。

设立“工匠日”，不仅能提升、增强工匠群体的职业认同感、自豪感和荣誉感，还可以使这个节日成为全社会尊重工匠、关爱工匠、学习工匠，弘扬工匠精神的重要载体，引导社会崇尚技能、人人学习技能、人人拥有技能，弘扬劳动光荣、技能宝贵、创造伟大的时代风尚，激励更多劳动者特别是青年人走技能成才、技能报国之路。

如今，在中国从“制造大国”迈向“制造强国”的进程中，“大国工匠”被赋予了新的时代内涵。“大国工匠”既是工匠大师特有的殊荣，也是每一个坚守工作岗位、兢兢业业的劳动者精于工、匠于心、品于行的职业追求。在这个伟大的时代，全中国各行各业的技术技能人才，正在踏出崭新的大国工匠之道。

实践活动

为培养造就一批能工巧匠，很多地方都会评选具有工匠精神的优秀技能人才并授予“工匠”称号，例如“齐鲁工匠”“鹏城工匠”“三秦工匠”等。

请查阅相关资料，搜集各地还有哪些“工匠”称号，并结合评选条件思考一名优秀的新时代技能人才应具备哪些素养。

第一课

执着专注　一生只做一件事

大家意气风发、朝气蓬勃，要立志高远、脚踏实地，一步一步往前走，以十年磨一剑的韧劲，以“一辈子办成一件事”的执着，攻关高精尖技术，成就有价值的人生。

——习近平

* 执着专注是优秀工匠必须具备的品质。
* 无论从事什么样的工作，都要具备一颗专注的心。

执着专注是优秀工匠必须具备的品质。执着，是指对某一事物坚持不放，对某种事物追求不舍，心沉得下来。只有执着地专注于某一项工作，经过长时间的积累，才能把产品做细、做精。执着，不仅造就了高品质的产品，也推动技术认知实现由量到质的转变，成为创新能力提升的源泉。专注是指心无旁骛地盯住自己的目标，不被困难所压倒，不为逆境所屈服，一心一意走好自己的路。人只有在心无旁骛的情况下才能将自己的潜能全面发挥出来，才能将事情做到最好。

专题阅读

艾爱国：执着专注的大国工匠

2022年3月，2021年“大国工匠年度人物”发布活动在广州举行，10位来自不同行业的顶尖技术技能人才获此殊荣。其中，湖南华菱湘潭钢铁有限公司焊接顾问艾爱国获评“大国工匠年度人物”。2021年，艾爱国还曾荣获“七一勋章”。

1983年，凭借对焊接工艺的钻研劲儿，还是一名焊接普通工人的艾爱国被选入了新型贯流式高炉风口攻关团队。“高炉风口的研制原理简单，就是把锻造出来的紫铜和铸造出来的紫铜焊接在一起，但是用当时常规的焊接方法都做不好。”艾爱国说。

“氩弧焊。”项目负责人说的一个词，引起了艾爱国的注意。在当时，对这种大型特殊材质部件采用氩弧焊，国内还没有先例。“没有就试！”艾爱国和团队成员一边论证，一边试错。

100多千克的铜料被焊枪加热后产生的热辐射，透过石棉隔热板和石棉手套，依旧能炙烤皮肉。“只好在工作服里面多穿厚衣服。”艾爱国说，即便是这样，每一次焊完，他的双手还是会被烫出血泡，衣服被汗水浸湿后又被烤干，硬得好像被浆洗了一遍。最终，艾爱国和团队成员把交流氩弧焊机改造成直流焊机，焊枪也被改造成可耐高温焊枪。这一项目后来获得国家科技进步二等奖，艾爱国是获奖的9人中唯一一名普通工人。

中国从缺钢国家发展到钢铁大国，继而迈向钢铁强国的历史进程，艾爱国是见证者，更是参与者。他带领焊接团队，与湘钢材料研发团队联合攻关，十年执着，一朝功成。多年来，湘钢研发的上百种新型钢材背后，都有艾爱国带领的焊接团队的默默付出。

探究与思考

“十年执着，一朝功成。”在大国工匠艾爱国的身上，我们看到了专注的力量。请结合材料，谈谈你的感受。

小到一颗螺钉、一根电缆的打磨，大到卫星、火箭、高铁、航母等大国重器的锻造，都离不开像艾爱国这样的工匠们笃实专注、严谨执着的匠心。优秀工匠都是有大智慧的人，他们知道自己应该追求什么、舍弃什么；优秀工匠都是有毅力的人，他们知道如何才能坚守自己的理想而不会功亏一篑；优秀工匠也都是有信念的人，他们知道只有锲而不舍、淡泊宁静，才能在平凡的工作中锤炼自己的才干，施展自己的抱负，实现自己的价值。锲而不舍、淡泊宁静共同构成了执着专注的核心。

一、锲而不舍

锲而不舍是执着专注的显著表现之一。锲而不舍是指干好一件事情要有恒心、有毅力，遇到再大的困难，也坚决不放弃。这个词来自《荀子·劝学》中的“锲而不舍，金石可镂”，意思是只要坚持不停地用刀刻，就连金属和石头这样坚硬的东西也可以雕刻成精美的工艺品。荀子以此阐明了一个亘古不变的哲理，就是人要有毅力、有恒心，只有坚持不懈、持之以恒，才能获得成功。

大国工匠高凤林就是这样一个锲而不舍的人。他视焊接为事业，为之奋斗终生；视责任为使命，为之敬业奉献；视技艺为财富，为之刻苦钻研。

专题阅读

高凤林：锲而不舍，为火箭焊接“心脏”

高凤林，1980 年从技工学校焊接专业毕业后，成为中国航天科技集团公司第一研究院的一名焊工。

在我国火箭制造过程中，高凤林是第一个给火箭“心脏”关键部件进行焊接的人。0.16 毫米，是火箭发动机上一个焊点的宽度；0.1 秒，是完成焊接允许的时间误差。

在整个航天工业领域，能够做这项工作的人屈指可数，而能够将几百根管壁厚度只有 0.33 毫米的管道，通过 3 万多次精准的焊接操作编织在一起的人，只有高凤林。

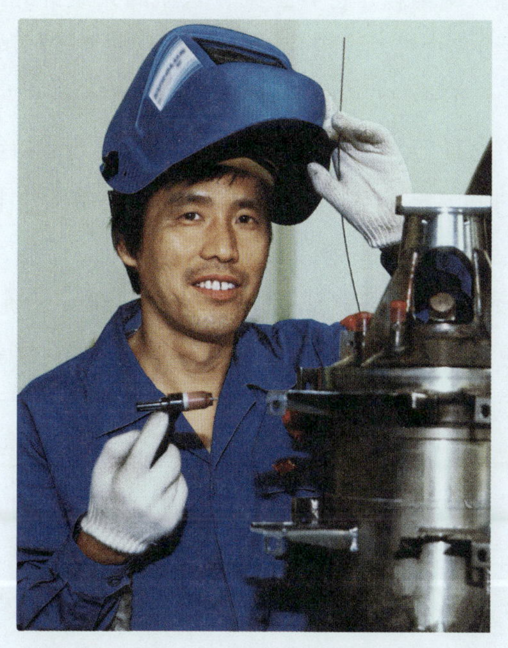

高凤林说，在焊接时得紧盯着微小的焊缝，一眨眼就会有闪失。“如果这道工序需要十分钟不眨眼，那就十分钟不眨眼。”

刚入行时，高凤林就知道焊接质量对于火箭来说意味着什么，特别是发动机，一个小小的瑕疵就可能会导致一场灾难。所以，那时对基本功的训练，高凤林可以说是到了如痴如醉的地步，连吃饭时也会下意识地用筷子练手感。

高凤林说，每每看到我们生产的发动机把卫星送到太空，就有一种成功后的自豪感。火箭的研制离不开众多院士、教授、高级工程师，但火箭从蓝图落到实物，靠的是一个个焊接点的累积，靠的是一名名普通工人的咫尺匠心。每天，高凤林总是最后一个下班，离开前，他都要回头看一看自己所做的工件——金光闪闪，就像一件艺术品，很完美。“它是我们的金娃娃，是我们手中生产的东西。”高凤林说。

高凤林说，发射成功后的满足引领他一路前行，成就了他对人生价值的追求，也见证了中国走向航天强国的辉煌历程。高凤林先后获评“大国工匠年度人物”“最美奋斗者”等荣誉称号。

探究与思考

结合大国工匠高凤林的事迹，想一想优秀的工匠是如何做到锲而不舍的。

用一生的时间去钻研一件事。这种潜心研究、挑战自我的精神正是我们所需要的工匠精神。这种精神被无数劳动者反复实践，也正激励着无数的劳动者继续前行。约翰·哈里森是世界上第一只航海天文钟的制造者。他用尽一生的时间打造改变航海命运的钟表，用他的技艺、执着和解决问题的能力，震惊了整个天文学界。

1714 年，英国政府聘请英国皇家天文台的专家们来解决一个问题：从英国出发，往西航行到西印度群岛，航海钟要能保持经度测算偏差在半度以内，也就是在 2 分钟时间内。在当时，制造精确的钟表是十分困难的事。但 21 岁的业余钟表匠哈里森却开始琢磨这件事情。在伦敦，他走访了无数个五金制造铺，找铜匠和铁匠帮忙制作和调校零件。1735 年，他终于造出了第一只航海钟 H1。H1 有一个突破性的设计：它抛弃了随地球重力偏向而失准的钟摆，采用了弹簧驱动的运动模式，其对称的结构能够平衡移动和颠簸带来的扰动。H1 造出来之后，学界轰动了，哈里森的家每天被上门打探消息的人围得水泄不通。哈里森锲而不舍，始终没有停止对钟表的研究。从 1735 年到 1772 年，在 30 多年的时间里，哈里森制造了 5 种航海钟，将又大又沉的钟改良为一只直径仅有 13 厘米的表，并且这种表从未出现过超过 8 秒的误差，完美地解决了航海经度定位问题。

那么锲而不舍的具体实现途径是什么？就是要立志高远、脚踏实地、一步一步往前走，以十年磨一剑的韧劲，以“一辈子办成一件事”的执着，不断缩小与目标的距离。

专题阅读

张国云：一步一个脚印，用特高压技术打造中国名片

扎根生产车间 20 余年，张国云完成了从一名学徒工到变压器绕线核心技术员，再到高级技师、全国技术能手、“大国工匠年度人物”的蜕变。

靠着一双手、一把量尺、一只皮锤、一个手电筒，仅用 8 年时间，张国云完成了同行技术人员花费 15 年才能够达到的技能水平，创下一个班绕制 6 只圆筒式线圈的最高纪录。

“从绕线到压装组装，再到铁芯、器身、引线，他一步一个脚印把这份普通工作干成了一番事业。”提起张国云，同事们都交口称赞。

线圈堪称变压器“心脏”，是实现电压转换的关键部件，决定着整台变压器的质量、性能和使用寿命。昌吉－古泉 ±1 100 千伏特高压直流输电工程是“疆电外送”工程，是世界唯一特高压直流输电工程，被称为“电力珠峰”。2018 年该工程加速建设时，变压器线圈绕制环节遭遇前所未有的难题。

面对上百种线芯，张国云一一采样分析材质，进行焊接测试，最终决定采用高频焊接工艺进行焊接。“高频电流熔接过程中，焊接人员要将线材温度控制在 700 摄氏度左右，焊枪距离焊件 1 至 2 毫米，每个焊点须在几秒内一气呵成。”张国云说，“温度过低、距离过远、时间过短都会造成焊点不牢固，而温度过高、距离过近、时间过长又会导致导线熔蚀，影响焊接质量。”凭借多年经验，张国云完成导线焊接，使 ±1 100 千伏换流变压器顺利投运。

张国云的徒弟讲起他的故事总是滔滔不绝：“每当线圈绕制完成准备下线的时候，我师傅都会掏出手机仔细拍下线圈的结构和细节，研究每一个细节，这为以后的技术提升提供了重要的参考。”20 多年来，光这些图片资料张国云电脑里就保存了几十万张。

探究与思考

从“我师傅都会掏出手机仔细拍下线圈的结构和细节”这句话中，你能感悟出什么样的工匠品质？

择一事终一生，坚守匠心，矢志不渝。张国云所从事的工作看似简单枯燥，但是他一步一个脚印，认真完成每一项工作任务。凭借这种脚踏实地的态度，他把看似普通的工作做到极致。

正是这种对工作的执着与热爱，引领着无数工匠不断前行。同样，中华技能大奖获得者巨晓林对工作发自内心地热爱，几十年如一日地勤奋努力，即使是休息时间也不停止对工作的钻研。他身上总带着三件宝：图纸、工具书、笔记本。

有一年中秋节，工地放假半天，他和工友们出去采购生活用品，同伴走着走着却不见了巨晓林的踪影。大家一边喊他、一边找他，只见巨晓林正蹲在一个摩托车修理摊位前看人修车，向修车师傅请教汽油机的工作原理。跟他同住一个宿舍的工友回忆起那时的情景，依然感慨万千："巨晓林学技术非常投入，每天他比别人早一个钟头起床、晚一个钟头睡觉。不管多么辛苦，他一点儿都不放松。他的枕头下面藏着一个小闹钟，他恨不得一天当成两天用。"巨晓林淡然一笑："我非常珍惜和热爱我的工作，从工作之初就已暗下决心要干好。"

巨晓林就是凭借这股坚持和钻劲儿，攻破了一个个难题。他白天在施工中跟着师傅学，晚上放下饭碗又撵着师傅问，就连师傅喝茶聊天的时候，他也蹲在一旁，不厌其烦地问安装的技术要领。至今，他记了几十本读书笔记和施工日志，熟练掌握了施工技能，并具有解决施工中复杂问题的能力，成为全国铁路电气化施工行业中出类拔萃的能工巧匠。

巨晓林拼搏奋斗、进取创新，实现了自己最初的梦想。他说，坚持不懈、锲而不舍，才能以实力赢得尊重；热爱工作，方能超常发挥。

探究与思考

巨晓林为什么可以几十年如一日勤奋努力地工作？

新时代，高质量发展需要大批高技能人才。对于每一位劳动者而言，发扬工匠精神应落实在实际行动上，对产品和服务负责，对工作保持执着追求，在技术上持续精进，同时积极影响周围的人，才能在自己的工作岗位上创造出更大的价值。

探究与思考

分享一个你在学习过程中持之以恒、锲而不舍的具体经历。

二、淡泊宁静

淡泊宁静是执着专注的另一重要表现层面。淡泊宁静体现了中华民族的传统美德，是做人的一种崇高境界。内心淡泊，才能以宽阔的胸襟从容地面对得失进退。工匠们所取得的成就，与他们淡泊名利的品格密不可分。

许多工匠几十年如一日，默默耕耘、奋斗不息，他们更在意自己对国家和社会的付出，不追求也不热衷于名利，始终脚踏实地，为国家和社会做出了重大贡献。

专题阅读

吴顺清：让“沉睡”的文物“复活”

出生于1949年的吴顺清，是我国文物修复专家，他几十年如一日沉潜到文物修复的细枝末节中，还原的不仅是具体的器物，也是浩大无声的历史文化。“文物修复是在时间长河里邂逅文物，与古人对话。”吴顺清说。

为饱水木漆器脱水，一般需要大约3年才能看到效果，差之毫厘就要推翻重来，对吴顺清来说，木漆器脱水的过程是对心性极大的磨炼。

简陋的修复室里，看不到春花秋月，只有年复一年的寂静和淡泊宁静的坚持。一件件竹木漆器带着千年的印记，浸润在小小的方盒中，等待着重生的一刻。

经过近十年的反复尝试，吴顺清终于摸索出一套成熟的木漆器文物脱水保护方法。经过浸泡，药水渗透木漆器“体内”，置换内部水分，支撑起木胎结构，如同打了一针加固剂。使用这种方法脱水后的器物，基本保持了原有的形状和颜色。长沙马王堆西汉墓、北京金陵王墓等出土木漆器类文物 7 000 余件，均采用这种脱水技术。

修复出土丝织品在所有文物保护中是难度最大的。丝织品在地下埋藏多年，出土之后，经常是几分钟就会发生巨大变化。如何修复丝织品，吴顺清苦心研究了多年。直到 2000 年，由吴顺清牵头的课题攻关小组研发出了一种清洗丝织品文物污染物的微生物发酵提取液，实现了丝织品文物的精密修复。应用该技术，实施了江陵马山出土战国丝织品等文物保护 500 多件。

吴顺清的事迹诠释了淡泊宁静的现实内涵。他将淡泊视作人格，不求名利，但求让更多人看到文物的真容。他曾经说：“在我心中，每一件文物都有独特的价值。绘画、建筑、陶瓷、雕刻……它们身上，都有着浓厚的历史韵味，让人着迷。”

探究与思考

吴顺清是如何在淡泊宁静中创造出巨大的成就的？

诸葛亮说：“非淡泊无以明志，非宁静无以致远。”意思是：不追求名利才能使志趣高洁；不为杂念所左右，保持平稳静谧的心态，才能确立并实现远大的目标。作为执着专注的重要表现层面，淡泊宁静的主要内涵为：第一，有超越世俗的理想和追求，追求理想是幸福之源；第二，不受功名和利禄的诱惑，耐得住寂寞和平淡，营造自己的精神家园；第三，一念执着，勤勉不懈，兼济天下。

故宫博物院研究馆员、古代书画修复专家单嘉玖为故宫的书画修复事业默默奉献了 40 多年，生动诠释了淡泊宁静的内涵。

1978 年，单嘉玖被招工到故宫时，刚刚二十出头。单嘉玖说：“现在我们说书画修复其实包含两个概念，其一是装裱，其二是修复。”书画修复的新手无一例外都要从书画装裱学起。

入职最初的两年，单嘉玖都在重复着刀子、刷子等如何使用的枯燥学习。尤其是“刮纸”，是每一个新手的必修课。能把纸口刮薄，又不刮坏刮破，既是练就技术的过程，也是磨炼性情、增强定力的途径。“三年出师”，是书画修复的惯常规律，前两年练好基本功，第三年就可以接触些简单的修复工作。经过这样三年的磨砺，单嘉玖出师了。

古书画分四层，一层画心、一层托心纸、两层背纸。修复时，最难的环节是“揭”，也就是将最薄的那一层宣纸画心分离出来。这一环节既要求揭得干干净净，又不能使画心受到丝毫损伤。揭出来的画心通常只有 0.09 毫米，薄如蝉翼。揭画心的手法是“搓”，把附着画心的那层托心纸一点点搓下来。

由于是在古画完全浸湿的情况下揭画心，手指力道的拿捏变得十分关键，“搓”的力道大了，则会对古画造成不可逆的二次损坏。一位修画师需要经过多年的训练、上万次的反复练习，才能最终拿捏出这“搓”的手感和力道。

业精于勤，而对于书画修复来说，业精还需宁静和敬畏。每件古画的修复需要复杂的工序和漫长的周期。耗时最长的需要一年，最短的也需要 3 个月。单嘉玖说：“干我们这一行的就是要有静心、耐心，没有这份心，就不要干文物，因为心情不好就会出问题，特别是揭画心的时候，用小心翼翼、如履薄冰来形容一点儿都不为过，哪怕心里稍有杂念，一哆嗦，都可能把画心给揭毁。”

40 多年中，在单嘉玖手里获得新生的古代画作有 200 余件。40 多年中，单嘉玖一直恪守着“搞文物不玩文物”的信条。甘守平凡的她从不染指文玩市场，也决不受邀替私人装裱字画，在故宫的一方古老院落内，始终如一地静心修复着每一件国宝文物。

淡泊宁静是工匠们以及立志要成为工匠的劳动者的人格特质。中国航天科技集团有限公司的“火药雕刻师”徐立平用他静默平和却胸怀报国的雄心，再次实践了淡泊宁静的真谛。

专题阅读

徐立平：“火药雕刻师”

徐立平是中国航天科技集团有限公司第四研究院 7416 厂航天发动机固体燃料药面整形组组长。徐立平的工作，是为火箭或导弹发动机的固体推进剂（混合固体火炸药）进行微整形，也就是用金属刀具将火箭或导弹发动机内装填好的固体火炸药一点儿一点儿地削切，修整至设计要求的型面。在此过程中，危险时刻相伴，敏感的火炸药一旦遭遇强力摩擦，便会剧烈燃烧甚至爆炸。金属刀具削切火炸药，时时刻刻在发生摩擦，要避免箭毁人亡的爆炸，对削切力量和技巧的要求十分苛刻。对此，徐立平说出了他的经验：关键在于削切的力量要均匀，速度要缓慢，千万不可心浮气躁、用力过猛。

说起来容易干起来难。只有亲临徐立平工作的车间，才能体会到此项工作的艰难。首先，因工作的特殊性，厂房在工作时间必须做到房门大开，无论严寒还是酷暑，那都是他们危急关头的逃生之门。冬天最冷时气温在零下十几摄氏度，冻得人手脚麻木。夏天最热时还必须穿着厚实的工作服，全身包裹在汗水中，且蚊虫肆虐，脸部时常被叮咬得红肿难忍。其次，不可能端端正正地坐着削切火炸药，因为火箭或导弹发动机的大小粗细不同，药面形状复杂，在削切整形火炸药时往往要采取或蹲或跪或趴或躺的姿势，干上一会儿往往就肩酸背疼，手都抬不起来。这时，想要控制力量的均匀，难上加难。

凭着宁静的心境、过人的胆识和严谨细致的练习，徐立平练就了一手精雕细刻的绝活儿，被大家尊称为“火药雕刻师”。

探究与思考

徐立平一直保持着整形火炸药产品100%的合格率和安全事故的零纪录，你认为他是如何做到的？

正是徐立平淡泊宁静的涵养，严谨、细致的工作作风和强烈的责任感，才使他能够肩负重任，身怀绝技，不负航天使命。徐立平身边的工友这样评价他：徐师傅身上表现出一种彻底而又纯粹的工匠追求，他淡泊宁静却胸怀大局，他身上坚毅、专注、严谨的精神和对岗位的挚爱，是激励大家永远向上的精神力量。

专题阅读

母永奇：坚守十余载 练就真本领

盾构隧道掘进机，简称盾构机，是一种隧道掘进的专用工程机械。“盾构机是国之重器，代表了隧道建设的智能化方向，我们青年一代要坚定信仰，把之前缺的课补回来、追上去、跑在前。”母永奇在校期间学习的是机电一体化专业，对设备十分感兴趣。第一次见到盾构机时，母永奇就给自己定下了目标，要成为主司机中的行家里手。

当好一名盾构机主司机，这一职业理想母永奇已经默默坚持了10余年。每天“入地”12个小时，母永奇练就了一身好本领。

作为隧道及地下工程的主流高新装备，盾构机拥有5万多个零部件，集五大系统和30多个子系统于一身，操作难度极大。“我们平常开车，导航定位差个几米感觉已经挺精准了，但盾构机掘进时，盾体上、下、左、右4个方向与隧道中心轴线的偏差不能超过5厘米。”母永奇说。

什么时候需要喷洒泡沫剂？什么情况适合使用膨润土？什么情况需要混合使用？从长三角、中原城市群到成渝地区双城经济圈、粤港澳大湾区，母永奇一次次地在实践中优化解决方案。

在郑州地铁2号线建设中，盾构机需下穿陇海铁路线、郑西客运专线高架桥等重大风险源。母永奇每天在隧道里连续工作18个小时，认真研究渣土改良技术，创造了单日掘进28环的好成绩，仅用80天就完成1.6千米隧道掘进。

只要机器运转，盾构机主司机的工作就开始了，没有周末，没有节假日。狭小的主机室，每天十几个小时的工作，高温、粉尘、潮湿、噪声笼罩的环境……盾构机主司机从业年限一般在3至5年，之后大多选择转岗。母永奇却是个例外，在盾构机主司机的岗位上，母永奇已坚守了10余年。

10余年间，他完成了一个又一个挑战：2019年贯通当时世界上最大直径水下铁路盾构隧道——佛莞城际铁路狮子洋隧道；提高大直径泥水盾构机刀具“寿命”，把原来每掘进20环换一次刀具提升到每掘进60环换一次刀具；驾驶我国首台智能全断面硬岩隧道掘进机，挑战高原高寒铁路隧道施工……

探究与思考

盾构机主司机从业年限一般在 3 至 5 年，之后大多选择转岗，母永奇却当了 10 余年盾构机主司机，你认为他坚守岗位的动力来源是什么？

淡泊宁静不是文人雅士的孤风傲骨，不是心灵鸡汤里的经典格言，而是实实在在的做事要诀，是诚实劳动的不二法门。母永奇的淡泊宁静源于他对理想的坚守，就如同他一直所做的那样，在大地深处、隧道深处一直向前，在驾驶盾构机隧道掘进这条道路上坚定不移地走下去。

在大庆油田，被誉为“新时期铁人”的“人民楷模”王启民说：“获得国家勋章、国家荣誉称号的每个人都有共同的特点，那就是忠诚、执着、朴实。追求‘短、平、快’，当不了英雄；想着‘名、利、奖’，造不出伟大。”新时代的劳动者更需要始终保持定力，坚守初心，克服急功近利的浮躁，远离追名逐利的彷徨，不谋一己之得失，而忧事业之兴衰。

无论从事什么工作，都要始终做到吃苦在前、享受在后，勤奋敬业、任劳任怨，淡泊宁静、敢于担当。只有这样，才能脚踏实地干出一番事业，成就有价值的人生。

实践活动

除了以上几位工匠的事迹，你还知道哪些体现“锲而不舍”“淡泊宁静”品格的工匠的故事？

请分小组进行搜集，并将搜集到的资料以电子演示文稿（PPT）、手抄报或者其他方式图文并茂地呈现出来。

推选小组发言代表，在班级内分享小组成果。

第二课

精益求精　要做就要做最好

在工厂车间，就要弘扬“工匠精神”，精心打磨每一个零部件，生产优质的产品。

——习近平

* 一名好的工匠，对每件产品、每道工序都要注重细节，追求极致。
* “精益求精”是一种执着的追求。

“精益求精”是指已经把事情做得非常出色了，但还要追求更加完美。作为一种精神，精益求精是优秀的工匠共同具有的思想特质和从业准则，那就是“要做就要做最好”。他们以严谨的工作态度、纯粹的专业眼光严苛地审视自己的工作，酝酿最完善的工艺流程和技术关键，不允许有任何疏漏；他们对完美孜孜以求，在精、细、实上下足功夫，不允许自己的产品有任何瑕疵；他们追求极致，在每个微末细节上都精雕细琢，力求让手中所出的每一件作品都是精品乃至极品，并融入自己的独特技艺和精神气质。

专题阅读

戎鹏强："蚂蚁啃骨头"精神

戎鹏强，是中国兵器工业集团内蒙古北方重工业集团有限公司的深孔镗工。1994年年仅29岁的他就被评为全国劳动模范，2021年荣获第十五届中华技能大奖，被称为"镗工大王"。

从进厂第一天开始，戎鹏强就把精进技能作为自己的职业目标。通过几十年如一日的摸索实践，他总结了"摸、听、看、量"四字诀——"摸"，是摸刀杆，根据摸刀杆判断刀在行走时的状态；"听"，是听机床发出的声音和切削液流动的声音，判断机床运转是否正常；"看"，是看铁屑形状和电流表读数；"量"，是测量刀杆每分钟行走的距离和内控尺寸。多年来，戎鹏强承担了各种口径系列的身管生产和科研加工任务，他加工的身管总深度达到20多万米。

深孔镗最难的是加工时根本看不到刀具在零件内部的切削状况，只能凭手感。因此，摸刀杆是深孔镗工的必备技能。

为了练就以"手"为"眼"的绝活儿，戎鹏强每年要用坏上千把刀具。加工各式各样的孔，用途不一样，但精度要求都相当高，孔径公差要控制在一根头发丝的三分之一之内，加工难度可想而知。

2012 年，一个航天、航空发射试验装置的关键部件订单，在全国“转”了几圈无人敢接——在长 8 米的钢质圆棒料上打一个孔径 28 毫米的通孔，通孔只有成人大拇指粗细，而加工深度却有 3 层楼高。由于加工难度极大、精度极高，国内没有厂家能够生产该产品，国外也只有法国生产过。戎鹏强接下了这项国家级难题。

加工过程中，由于孔径小、刀杆细长，很容易造成刀头振动、烧刀或者崩刃，同时走刀过程中要反复测量加工内孔的尺寸，有丝毫异常就要退刀从头再来。有时他干一天活儿，只能走刀六七十毫米。

不服输的戎鹏强精益求精，他以“蚂蚁啃骨头”的精神，一毫米一毫米地向前推进。一年半后，戎鹏强成为掌握超长径比身管加工绝技的国内第一人。

探究与思考

请根据资料梳理戎鹏强的工作环节，并说说他是如何实现精益求精的。

戎鹏强从一个仅有初中学历的兵工人，成长为屡破国外技术壁垒的大国工匠，多次创造深孔镗领域的“中国第一”，加工良品率达到 99.5%。他用时光淬炼镗工技艺，专注火炮炮管加工，几十年如一日，注重细节，精益求精，对工作时刻保持敬畏之心，用匠心打磨优质产品。

“大国工匠是我们中华民族大厦的基石、栋梁。”2024 年全国两会期间，习近平总书记参加十四届全国人大二次会议江苏代表团审议时的一席话，让全国人大代表、中国中车首席技能专家孙景南激动不已。

作为来自一线的工匠，孙景南在发言中分享了她的思考：“何谓‘匠？’就是在专业领域中对自己‘斤斤计较’，历经磨砺方能实现突破。”孙景南所说的这股“斤斤计较”的劲头，正体现了工匠的精益求精。他们在新时代的伟大实践中，干一行、爱一行、钻一行，关注细节，追求极致，在浩浩荡荡的时代大潮中，一步一个脚印，为建设中国特色社会主义现代化强国添砖加瓦。

一、关注细节

注重细节是精益求精的一个重要方面。古人曾说："若能事事求精，轻重长短，一丝不差，则渐实矣。能实则渐平矣。"这意味着，如果每件事都能做到精益求精，无论大小轻重都处理得恰到好处，那么人就会逐渐变得踏实。人一踏实，心态就能平和，做事也就平稳。一件产品的完成，不仅需要热情，更需要在每个环节都全神贯注，审视每一个细节。

专题阅读

方寸之间的微雕艺术

你能想象在一把不足方寸的玉雕小扇上，却刻上了14 000字的《唐诗三百首》吗？在10多倍的放大镜下，你可以清楚地看到每首诗之间有空行，各诗独立成章，每首诗的结尾处又有诗人落款的小红印章；更令人惊奇的是，每个字都像毛笔写的。微雕艺术家根据诗句的内容，灵活地选用了篆、隶、行、楷、草、钟鼎等6种字体，布局新颖，刻工秀逸，令人赞叹不已。

微雕艺术家们不仅能在玉石、壶、米粒等材料上雕刻，还能在头发丝上雕刻。当人们在显微镜下欣赏微雕作品时，会看到：一根头发上刻有中国近代四大文豪鲁迅、郭沫若、茅盾和巴金的头像；另一根胡须上刻着唐僧、沙和尚、猪八戒和孙悟空取经的逼真形象。最令人折服的是，在长2厘米、宽1厘米的雕片上，刻着大观园的全景，里面共有360多个人物，720多间房，1 300多棵树。微雕艺术家们在做微雕时凭肉眼和感觉完成，靠的就是日复一日练习获得的手感。

探究与思考

微雕艺术家们在工作中具备哪些共性的优秀品质？

方寸之间，尽显大千世界。微雕艺术是一门需要沉下心、静下来的艺术。微雕艺术家都有一些共性：全神贯注，注重细节。他们弓着身子，手握刻刀，眼睛始终盯着材料，心中只有一个目标：把作品刻好。他们凭借精准的眼力、专注的态度，呈现着精巧绝伦的微雕技艺。

注重细节是精雕细琢的起点，也是精益求精的基础。它强调关注事实和细节问题，既考虑全局，又深入了解工作过程中各个环节的关键点，并对可能的问题进行预防和控制，确保成果的完美。

专题阅读

王树军：不放过任何一个小问题

荣获第十六届中华技能大奖的特级技师王树军从小在工厂家属院长大，当一名工人，是王树军儿时就种下的梦想。1993 年，从技工学校毕业后，王树军如愿进入车间维修老式机床，在他眼中，设备上的每一个零件都是一个独立的生命，经过重新碰撞组合后，都会产生新的生命与活力。

秉承着兴趣、专注和执着，王树军一门心思钻研业务，不到 10 年的时间，就担任了负责 4 个车间维修工作的维修班长。

聊起自己的工作历程，王树军充满了热情。细节决定成败，王树军深谙这一道理。在职业生涯里，他从不会放过工作中遇到的任何一个小问题、任何一个小细节。

“比如，程控设备的维修就是一个非常细密的工作。这些设备精密、复杂，也非常昂贵，动辄价值几百万元甚至上千万元。因此，每次维修设备时，我都很小心谨慎，维修前也要反复琢磨、研究，做起来比绣花还细！”王树军感叹，有些设备光拆卸就需要一天半的时间，对于拆下的每一个零件，自己都仔细做好标识，拆一点用相机拍一点，记录下来，然后分析与相关零件的关系，最后发现故障点，进行修复。

有时为了落实一个问题，在设备间一待就是一两个小时，每次出来时浑身都是汗水和油污。王树军说：“干这一行，就一定要下足绣花功夫！”

凭借着精湛的技艺，王树军很早之前就成了国内发动机行业中设备检修技术的集大成者。凭着一股不服输的劲头，王树军还向国外权威发起了挑战，闯进了国外高精尖设备维修“禁区”。“只要我们千千万万坚守在一线岗位的职工都来做工匠精神的坚定践行者，中国制造业自主创新就有无限的活力，迈向高端就有无限的可能！”王树军说。

探究与思考

阅读完材料，你如何理解王树军所说的“干这一行，就一定要下足绣花功夫”这句话？

王树军通过苦心钻研和技术革新，突破了一个又一个令人侧目的“不可能”。王树军用实际行动诠释了“大国工匠”的定义，为我们树立了关注细节、勤学实干、技能突出的榜样形象。

关注细节，这一理念并不仅仅局限于高精尖设备领域，而是贯穿于各行各业，是工匠精神的重要基石。在污水处理这一项看似平凡却至关重要的工作中，对细节的把控同样被提升到了前所未有的高度。

污泥处理作为污水处理提质增效的“最后一公里”，看似是一个小环节，目前却已成为污水治理的重中之重。“80 后”杨戌雷在这一领域扎根 20 余年，通过自己的努力，从一名技工学校学生逐步成长为国内污泥处理行业的技术专家。

专题阅读

杨戌雷：于细节中孕育飞跃

白龙港污水处理厂污泥处理车间，把城市治理现代化体现得格外具体：该车间承担着上海约 1/3 的污水处理量，一年的处理量相当于 81 个西湖的年蓄水量，日处理污泥达 486 吨。21 世纪初，污泥处理的方式还是以填埋为主，而上海作为特大型城市逐渐面临着“污泥围城”困境，“治水又治泥”成为上海水环境治理不得不面对的现实难题。

杨戌雷的职业生涯在此时起步。进入白龙港污水处理厂后，他从泵站操作学徒工做起，默默跟着师傅转现场、学技术，很快便能独立完成检修任务，同时他还利用空余时间学习维修电工和钳工等技能。

凭借着勤奋和好学，杨戌雷成为原排水系统最年轻的泵站站长，负责管理 5 个泵站；26 岁的他所负责的大型变电站规模在行业内首屈一指；2011 年，白龙港污泥处理工程建设成为国内首个消化、干化、脱水全链条世界级“巨无霸”污泥处理中心，29 岁的他调任污泥处理车间主任，担负起 8 套消化系统、3 套干化系统、26 套深度脱水系统的管理运行任务。

没有运行经验，不明白系统构造，不熟悉机械性能，困难比预想得更大。“没有经验，那我们就在实践中摸索，创造属于白龙港的经验。”杨戌雷以厂为家，几千根管道的细节他几乎都研究过，一个个复杂的工程系统早已刻在他的脑子里，他带领团队以最短时间全面接管污泥三大系统。

与此同时，他对该系统在生产运行中存在的运行经济成本过高、劳动强度过大等诸多问题进行了优化。曾经污泥飞灰仓存在卸料不畅的问题，卸灰时不是灰天灰地就是水漫金山。对此，外国专家给出的解决方案是在仓体加装电加热，报价高达 40 万欧元。杨戌雷通过对设备的仔细研究和琢磨，决定在阀门位置加装几根压缩空气的管道。通过对这一个细节的改进，在反吹流化风的作用下，污泥飞灰仓卸料不畅的问题得到了彻底解决，总花费不到 3 000 元。

作为与“泥水”打交道的技术专家，杨戌雷的工作貌似平常无奇，但却积淀着经年累月淬炼而成的厚重技艺，承担着天蓝水清社会民生的重大责任，饱含着常人不易承受的坚忍辛苦，这也是他对于“工匠精神”一词的切身感悟。

2023 年，他被评为“大国工匠年度人物”。

探究与思考

阅读完材料，思考杨戌雷是如何创造属于白龙港的经验的。

老子说："天下大事，必作于细。"关注细节是一种工作态度，也是劳动者迈向成功的第一步。技能学子应将爱岗敬业的精神和关注细节的作风融入自己的学习、工作中，全身心投入岗位，以主人翁的心态对待学习和工作，这终将会使你拥有自己的事业，并建功立业。

探究与思考

向工匠们学习，请你举一个自己或他人在学习中注重细节的例子，讲给大家听。

二、艺无止境

从古至今，杰出的工匠均有一个共同点——他们都具有艺无止境的追求，对产品技艺和品质有着"极致"的要求。艺无止境是最高层次的造诣。它不是最终的结果，也不是固定的终点，它是更好的质量、更优的品质、更高的境界。

在杰出工匠眼中，做产品并不单单是干一份工作，更是在满足一种精神方面的需求。艺无止境的过程，就是追求“没有最好，只有更好”的过程。

专题阅读

管延安：做到心中极致的港珠澳大桥首席钳工

他曾经在港珠澳大桥建设时，靠着一把扳手和两个绝活儿，在深海 40 米处一颗一颗拧紧 60 万枚螺钉，实现港珠澳大桥海底隧道滴水不漏的奇迹。他就是纯朴、实在，靠着自己的努力从农民工成长为我国深海钳工第一人的管延安。

技术工种是劳心劳力的工作，管延安对这个行当却特别喜欢。从陌生到精通，他用扳手一下一下练出自己的“独门绝技”，无论是在速度上还是在质量上，他都是拔尖的。管延安精益求精的工作态度，让他很快成长为令人敬佩的专业钳工。

2013 年，管延安所在单位接到港珠澳大桥项目前来招工的通知，虽然没有接触过海底作业，但他深知这次项目的意义重大，于是不假思索地报了名。经过层层选拔，他被选中参加到这项“世纪工程”中。管延安所负责的项目，是要在 40 米深的海底建造一条 5.6 千米长的隧道，但建设技术是全新的，没有任何经验可以借鉴。国内外找不到参考，那就自己干、自己摸索！

于是，管延安和工友们查资料、搞实操，将设备一遍遍反复拆解、安装，终于经过无数次的规划、测量、操作，迎来了第一节海底隧道沉管顺利安装的消息。

隧道建设中，最难的是确保隧道不漏水，这是保证工程质量、工友生命安全的终极目标。实现这一目标最重要的施工要求，是接缝处的误差不能超过 1 毫米，这用肉眼几乎是看不出来的。为了达到施工要求，管延安在陆地上成百上千次地拆卸、安装阀门，并用手来感知这极微小的误差，这也是为什么他在干活儿时从来不戴手套的原因。

功夫不负有心人，这个经过千锤百炼的技能成为管延安的一个绝活儿，到现在无论是用左手还是用右手，他都可以凭手感实现误差不超过 1 毫米。

在施工过程中，经管延安的手拧过的 60 多万枚沉管螺钉，到如今没有一枚松动，海底隧道没有一处漏水。他说："对待手中的活儿，我一定要做到心中最极致的状态！"

直到现在，在工作中，管延安最常用的一句话就是"再检查一遍"，每个零部件的安装，他至少要检查 3 遍。正是因为他这种严谨、追求完美的工作态度，才能够创造出几十年如一日挥舞扳手而无误差的奇迹。

探究与思考

结合事例，你如何理解管延安所说的“对待手中的活儿，我一定要做到心中最极致的状态”这句话？

管延安曾说：“在工地干活儿，就要做到一丝不苟、精益求精、踏实专注。”他之所以能够创造奇迹，正是因为他始终秉持工匠精神，不断学习，不断钻研，不怕苦、不怕累，做活儿做到心中最极致的状态。他用自己的亲身经历告诉我们：成功的秘诀，就是把简单的工作做到极致，技艺无止境。

知识链接

中华技能大奖和全国技术能手评选

中华技能大奖和全国技术能手是国家对全国优秀高技能人才进行褒奖的荣誉奖项，由人力资源社会保障部每两年组织开展一次评比表彰活动。截至 2023 年已开展十六届，累计表彰了 320 名中华技能大奖获得者和 3 616 名全国技术能手。

中华技能大奖候选人须来自生产服务一线，从事本职业（工种）10 年以上，具有高级技师及以上职业资格（或职业技能等级），已获得全国技术能手称号，并具备下列条件之一：

* 在技术创新、攻克技术难关等方面做出突出贡献，并总结出独特的操作技术方法，产生重大经济效益和社会效益；

* 在本职业（工种）中，具备某种绝招绝技，并在带徒传艺方面做出突出贡献，在国际国内产生重要影响；

* 在推广应用先进技术等方面做出突出贡献；

* 优先推荐特级技师、首席技师，以及享受国务院颁发的政府特殊津贴，从事重大战略、重大工程、重大项目、重点产业相关工作的高技能人才。

全国技术能手须来自生产服务一线，从事本职业（工种）5 年以上，取得高级工及以上职业资格（或职业技能等级）。推荐渠道有两个，其中，常规申报渠道推荐人选应具备下列条件之一：

* 在本职业（工种）中具备较高技艺，并在培养徒弟、传授技术技能方面做出突出贡献；

* 在开展技术革新、技术改造活动中做出重要贡献，取得重大经济效益和社会效益；

* 在本企业、同行业中具有领先的技术技能水平，并在某一生产工作领域总结出先进的操作技术方法，取得重大经济效益和社会效益；

* 在开发、应用先进科学技术成果转化成现实生产力方面有突出贡献，并取得重大经济效益和社会效益；

* 优先推荐从事重大战略、重大工程、重大项目、重点产业相关工作的高技能人才。

国家重大项目（工程）申报渠道推荐人选应具备下列条件之一：

* 获得国家科学技术进步特等（一等）奖项，或直接参与获得国家科学技术进步特等（一等）奖项并在其中做出重要贡献；

* 直接参与涉及国家安全、国防战略等重大项目（工程）并做出重要贡献。

杰出的工匠不以生产合格品为目标而以生产精品为目标，不刻意追求当下而是放眼长远，他们不断改进工艺，提高品质效能，力求在业内长久领先，造福于世。他们习惯于把事情做到极致，如果事情没有做到他们心目中的“完美”程度，他们会寝不安席、食不甘味。

作为国内为数不多可以吊装巨型精密装置的桥式起重机司机，白鹤滩机电项目部桥机班班长梅琳完成过不少急难险重的任务，多次刷新过世界纪录。其中，最有挑战的是吊装白鹤滩水电站发电机组的转子，其重达 2 300 吨。

2021 年 4 月 25 日上午 9 点 30 分，吊装开始。发电机组转子是设备核心部件，轻微晃动就会引起损坏，梅琳要做的，是通过操纵杆操控吊钩将这个大家伙吊起 10 米，然后平移放入发电机基座，其间，摆动幅度只能控制在 1 毫米以内。这将创造新的世界纪录。

所有人都提着心屏息以待，只有梅琳看上去沉着冷静。9 点 51 分，转子吊装平移结束，开始垂直吊下。10 点 28 分，在经过梅琳 5 次点控调校后，转子稳定且精准地落入发电机基座，吊装成功。

成功来自她平日的刻苦练习。稳，是桥式起重机司机的基本功。20 多年前，刚刚参加工作时的梅琳，心浮气躁，曾被师傅狠狠训了一顿。从那天开始，梅琳把装满水的水桶吊在吊钩上面，每天练习几百次。凭着一股子韧劲，梅琳硬是做到了吊装水桶滴水不漏。

精益求精，追求极致。20 多年来，梅琳一直这样严格要求自己。最终练就了一身吊装稳如磐石、不差分毫的本事。

2021 年 6 月 28 日，金沙江白鹤滩水电站首批机组投产发电，习近平总书记发来贺信。信中说：“你们发扬精益求精、勇攀高峰、无私奉献的精神，团结协作、攻坚克难，为国家重大工程建设作出了贡献。这充分说明，社会主义是干出来的，新时代是奋斗出来的。”

探究与思考

如何理解梅琳工作操作中的这份“稳”劲？对你有怎样的启示？

从一名普通工人成长为“国之重匠”，沉甸甸的荣誉是梅琳一路走来不懈奋斗的见证，也是对工匠精神最好的诠释。要想具有工匠精神，首先必须要有认真的态度，认真仔细做好每一件事，时刻提醒自己要有精品意识，每个细节都要做好。梅琳正是如此，注重细节，追求极致，全力以赴，将个人的成长融入我国电力事业的发展中，用自己的亲身实践诠释了产业工人追求卓越技艺、实现技能报国的最高境界。

专题阅读

丁照民：精研技艺，气焊薄铝

薄铝类金属气焊难度高，极易焊穿，而在丁照民手中，厚度不超 0.3 毫米的铝制品也可以实现气焊焊补。钻研技艺、博采众长、攻克难题……从业以来，丁照民先后获得全国技术能手、全国劳动模范、第十四届中华技能大奖等荣誉。

焊接中的常见单位是“道”，一毫米等于一百道，丁照民的工作便在这“几道”之间。厚度只有零点几毫米的薄铝类金属向来焊接难度大。铝在熔化时不会发生任何颜色变化，单凭肉眼很难判断焊接情况，稍不留神就会焊穿。如何实现精准焊接？丁照民的答案是：“练，练到有肌肉记忆。”

1986 年，丁照民进厂成为焊工学徒，“每天上班，先从师傅那里拿两包焊条”。一包焊条 120 根左右，丁照民要求自己一天内要全部焊完，“手酸到吃饭都没劲儿夹菜”。1987 年，丁照民参加工厂技能比赛。焊工一般 3 年出徒，但他却在 40 多名焊工中拿到了第 3 名。此后，丁照民自修了机械制造设计大专及本科课程，还自学了铆、钳、锻等技术。时间一久，工厂有啥技术难题，大家总会想到涉猎广泛又热心的丁照民。

2013 年，加工中心的排屑器突然停转，内部铝屑无法排出，机器运转没一会儿，就不得不停下进行人工除屑，效率大受影响。“那东西外形像大弹簧一样，咱可以自己做。”丁照民很有信心。于是，他仔细观察排屑器以及和它相连的设备，不时在纸上记录数据，接着找来一根 89 毫米的铁管和几根方铁，反复敲打烧热的方铁，直到其与铁管曲度一致。一个多小时后，丁照民自制的排屑器被安装到了机器上，结果发现不仅可以正常使用，甚至比原来的更加贴合。

除此之外，让工人无须反复弯腰取件的工位器具举升车，控制零部件间距的链轮室周转车，将加工粉尘溶于水再通过气体排出的净化器……从业以来，丁照民累计完成创新成果 700 多项，总计创收效益 1 000 余万元。

探究与思考

技艺无止境，练就精湛的技艺除了依靠反复练习，还需要做哪些方面的努力？尝试列举一两个事例。

杰出的工匠不会满足于自己已有的技艺，他们善于在工作实践中不断学习、探索，努力提升自己的知识和技能水平；他们敢于质疑现状、尝试新知、突破自己，在奋进中为自己赢得更为广阔的发展空间；他们不断地为自己设定更高的工作目标，要求自己有更加出色的工作成绩；他们敢于面对挑战，不怕失败，勇于担当，在奋斗的过程中为自己、为社会书写辉煌的篇章。

实践活动

结合你所理解的“精益求精”的内涵，查阅相关资料，找出体现“精益求精”的关键词，将这些关键词列举出来，以小组为单位进行分享。

同时，请思考并讨论未来在某个工作岗位上，你如何做才能做到“尽善尽美”。

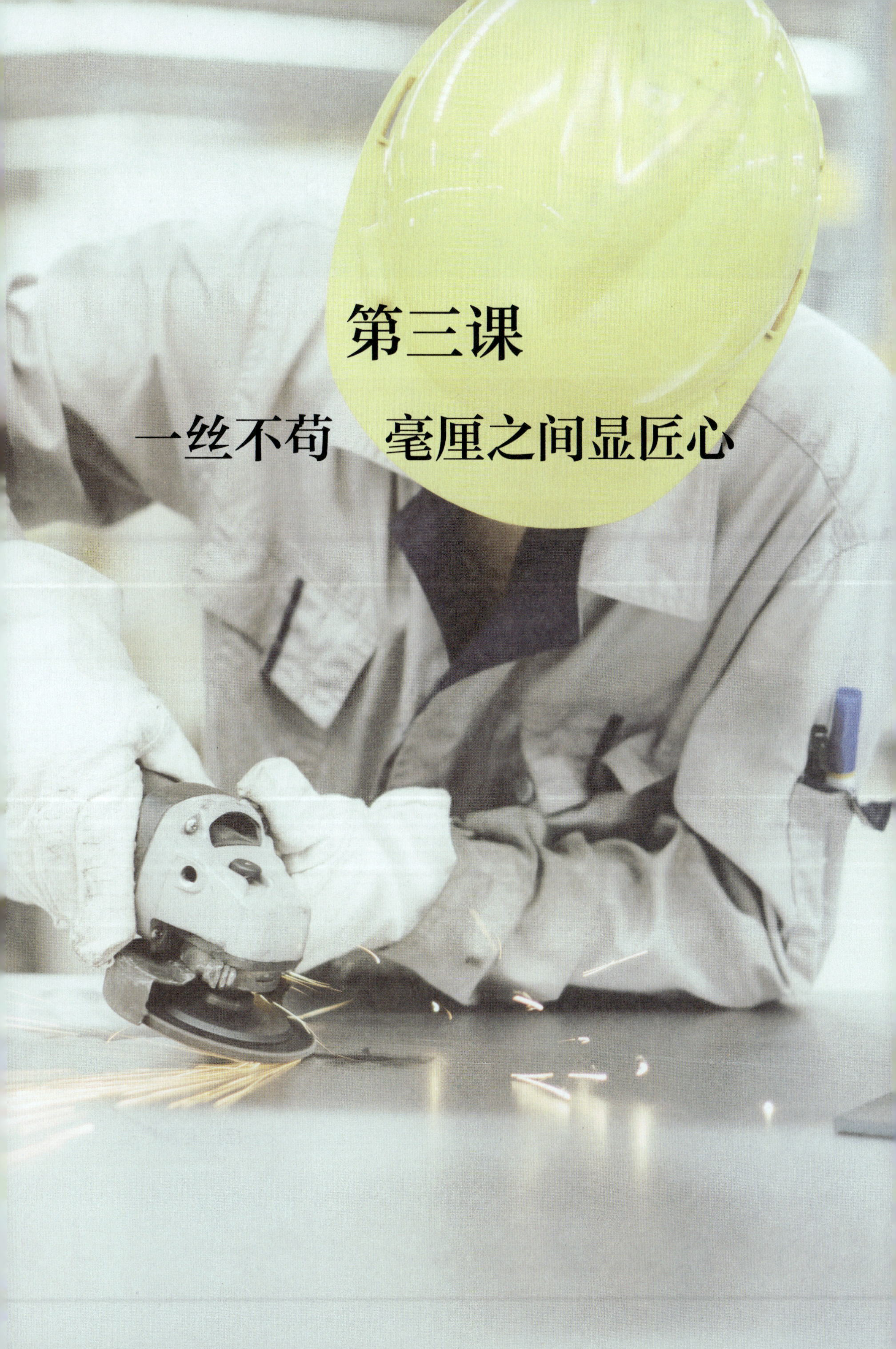

第三课

一丝不苟　毫厘之间显匠心

大力弘扬劳模精神、劳动精神、工匠精神，激励更多劳动者特别是青年一代走技能成才、技能报国之路。

——习近平

*“一丝不苟”是工匠恪尽职守、严谨求实的工作习惯。

*“一丝不苟”是工匠对待职业严谨踏实的自我要求。

一丝不苟是工匠对待职业严谨踏实的自我要求。一丝不苟是指工匠应具有高度的责任感、严谨的工作态度，能自觉地调整自己的行为，使自身行为符合职业要求和企业发展需求。这是成为“大国工匠”的基础条件。

一丝不苟的核心在于办事认真，连最细微的地方也不马虎。一丝不苟主要体现在始终严格遵循工作规范、执行质量标准，兢兢业业做事，一板一眼工作，把每个操作要求和工作步骤都落实到位，不投机取巧，不寻求“捷径”，不敷衍了事，不放过任何一个细微之处，确保操作结果符合标准甚至高于标准，没有瑕疵，不留缺憾。

专题阅读

胡双钱：一丝不苟的航空“手艺人”

在中国商飞上海飞机制造有限公司总装制造中心的现代化厂房里，有一个并不起眼的角落，那就是钳工班所在的地方。胡双钱是这里年龄最大的钳工高级技师，也是这个钳工班的班长。

能够研发大型客机是一个国家综合实力的集中体现。在这个处于现代工业体系顶端的产业里，钳工工人虽已越来越少，却不可替代，即使是生产高度自动化的波音和空客，也都保留着独当一面的钳工工匠。胡双钱就是一位这样的工匠。他的工作就是对飞机重要的零件进行最后的细微调整：打磨、钻孔、抛光，将精度做到精密机床也无法达到的设计标准。

一架飞机有数百万个零件，当它们组合在一起时，飞机就有了生命。然而，只要其中的一个零件出了差错，哪怕是在常人看来微不足道的一丝丝，付出的可能就是生命的代价。从小就喜欢飞机的胡双钱在走出技工学校进入厂门后不久，就领悟到了这个道理。从此，规范、标准、精确就成为他心中无法撼动的工作铁律。

“我每天睡前都喜欢‘放电影’，想想今天做了什么，有没有做好，能不能做到更好。”这是胡双钱对自己30多年工作心得的简单总结。在这个“简单”的背后，是他自己构建的一道道确保零件质量万无一失的“防火墙”。

不管在别人看来是多么简单的一次加工，他都要在干活儿前看透图纸，熟透零件在飞机上所起的作用；在接收待加工的零件时，必定对照图纸要求，检查上道工序是否符合技术标准和工艺规范；自己加工时，从划线开始，就采用自创的“对比复查法”“反向验证法”校验自己的工艺步骤是否规范、标准、精确。对此，胡双钱有一个通俗的解释，他说：“这就好比在一张纸上先用毛笔写一个字，然后用钢笔再在这张纸上同一个地方写同样一个字，多一道步骤，多一次复查机会，也就多了一道保障。”

航空工业，要的就是精细活儿。大飞机零件加工的精度，要求达到1/10毫米级别。胡双钱靠着他所总结的最“简单”的心得，在30多年的钳工生涯里没有出过一件次品，经他的手制造出来的精密零件被安装在近千架飞机上，飞往世界各地。

探究与思考

“不管在别人看来是多么简单的一次加工，他都要在干活儿前看透图纸，熟透零件在飞机上所起的作用。”你如何理解这句话？

一丝不苟是一种做事的境界，包含恪尽职守的职业道德、严谨求实的工作态度两个方面。恪尽职守的职业道德是一丝不苟的工匠精神的前提要求。劳动者应树立高度的职责意识，才能更好地约束自己做好本职工作，将各项要求落实到位。严谨求实的工作态度是一丝不苟的工匠精神的态度内化。它体现在劳动者要自觉以认真细致的态度，行止有尺，把工作扎扎实实地做好。在恪尽职守与严谨求实的工作状态下，工匠们鞭策着自身坚持高标准、严要求，不断突破和创造奇迹。

一、恪尽职守

在其位，谋其职，负其责，尽其事。恪尽职守，又称职责意识，是指劳动者要谨慎认真地做好本职工作，这是劳动者对自己的工作岗位负责，对他人、对企业承担责任和履行义务的自觉意识。

热爱本职工作是恪尽职守的前提。热爱本职工作是在崇尚劳动的基础上，对劳动行为的一种内在选择和情感表达，即对劳动的态度由自然而然的状态（自在阶段）升华到了自觉主动、有所作为的境界（自为阶段），具体表现为内心对工作充满热爱并将这份热爱转化为良好的工作行为。

有句话说得好：“干一行，爱一行。”说的就是要热爱工作。胡双钱就几乎将所有的心血和精力，都投入自己所热爱的航天事业中，他说：“飞机零件，不仅生产标准高，而且在多数情况下都是一体成型，没有二次修改和补救的余地，一旦出现偏差，纠偏余地很小，往往只能报废，这也是我追求每一个零件都是精品的一个原因。”胡双钱和他的工友们，凭借对航空事业的热爱和高度的责任感，保证了飞机的卓越质量。

专题阅读

刘向前：毫厘之间的磨炼

建设中的山东海阳核电站，在安装价值3.4亿元的蒸汽发生器过程中，起固定作用的螺栓断在了设备里。情急之下，施工方慕名找到刘向前所在的断螺栓专业救援团队，请求取出设备里11颗直径44毫米、长120毫米的特大螺栓，并提出了苛刻到极致的工艺要求：作业时，任何工具都不允许和螺孔内的螺纹有任何接触，更不允许划伤核电设备的任何零部件。

刘向前受命担任这个项目的技术负责人，他坦言："接到这个任务后，心理压力很大，这台设备太过昂贵，工作要求太过苛刻，这是一个只许成功不许失败的项目。"

在现场，刘向前带领他的专业团队，仔细观察作业环境，精确测量螺栓断面尺寸，分析螺栓材质成分和各种技术参数。回到单位，刘向前反复研究、模拟试验，拿出了整体解决方案，并设计加工出此次破拆专用的刀具、刀杆。

破拆作业正式开始前，业主方、设计方、施工方、质检方都派专家来到现场，尽管刘向前已经胸有成竹，但他们还是不放心，要在现场实时监督，一旦发现问题，立刻叫停。

刘向前小心谨慎地安装好便携式铣床。他屏气凝神，先在断螺栓的断面中心钻了一个中心孔，随后换上专用铣刀和刀杆，通过中心孔铣削螺栓。随着螺栓中间实心部位成功去除，残留的边缘螺纹只剩下薄薄的0.2毫米时，刘向前用大力钳将剩下的螺纹细丝轻轻地撕扯出来。整个过程花了整整一天的时间。

随后，现场质检人员用内窥镜等专业检测工具，经过两个多小时的严格检验，宣布合格！又经过4天的精心作业，剩余的10颗螺栓全部被成功取出。

探究与思考

通过阅读材料，分析刘向前在工作中是如何做到尽职尽责的。

胡双钱和刘向前的故事诠释了每一位优秀工匠都“习以为常”的认知：对每一个零件、每一道工序都要尽职尽责，集中精力把自己的工作做到最好。

尽职尽责的工匠能够赋予冰冷的零件以“生命”和“灵魂”。他们练习“手感”，与零件不断“磨合”，就是要摸透零件的特性，仔细地“调教”零件的品质，让它能够承担起应尽的“职责”。

专题阅读

姜涛：成功的起点在于恪尽职守

姜涛，焊工、高级技师、第十四届中华技能大奖获得者，曾获得全国技术能手、全国五一劳动奖章等荣誉称号，是国家级技能大师工作室带头人。

姜涛对航天焊接事业十分热爱。他30多年如一日，始终坚守生产一线，恪尽职守，自觉履行一个技术工人对岗位、对他人、对企业的职责。在成为业内知名的技能大师之后，他依然坚守自己的岗位和职责，初心不变。

长时间对职责的坚守，带给姜涛的是高超的焊接技能和严谨的工作作风。他精通电弧焊、二氧化碳气体保护焊、TIG焊、MIG焊、埋弧焊、搅拌摩擦焊、钎焊等多种焊接技术；熟练掌握大型薄壁铝合金等有色金属、大型合金钢、不锈钢结构件、有色金属与黑色金属异种材料、中高压力容器等焊接技术；熟知焊接变形控制和校正技术，以及铸锻件补焊技术，具有扎实的焊接理论功底和独到的焊接技艺。他焊接的产品遍布航天、航空、船舶、电子、机械等领域，取得了显著的经济效益和社会效益，为国防军工和经济社会发展做出了突出贡献。

长期以来，对多焊缝、复杂大型异型构件的焊接，由于变形规律不好把握，焊接变形不易控制，产品的焊接尺寸精度难以保证。然而航天焊接对精度的要求非常高，焊接的质量不仅影响焊接点的好坏，还会影响航天实验的成败。面对这份沉甸甸的职责，姜涛毫不退缩，在设计方案论证过程中，姜涛利用自己丰富的焊接理论知识和实践经验，向设计师提出了大量的优化意见，采用了成本效益优异的“激进”设计方案，主动把生产难题留给焊接工序。在后期的焊接中，针对高强度合金钢焊接的难题，他采取精准控制焊接线能量、划小焊接单元、优化焊接顺序、反变形法等综合措施，将产品一次焊接成功，尺寸精度高于设计要求，获得用户高度赞赏，并为企业节约了200多万元的生产成本。他所参与焊接的产品成功助力我国新型运载火箭“长征六号”发射，创造了“一箭20星”亚洲纪录。

30多年来，姜涛始终手执焊枪，焊接工作虽然看似平凡，但却被他做到了极致。他以恪尽职守、精益求精的工匠精神，高超精湛的焊接本领，为新时代技能人才树立了学习的典范。

探究与思考

从本课中不同职业的工匠身上，你看到了哪些共同的优秀品质？这对你有什么启示？请讲给身边的同学们听。

真正的工匠，往往视职责为使命，面对每一项任务都要明确将要做的是怎样的作品，具有怎样的功能，适用怎样的工艺，达到怎样的品质。只有明确了这些职责要求，才能胸有成竹，才能将每个步骤、每个环节、每个细节都牢牢地掌控在手中，才能杜绝一切可能的失误和差错，也才能最终打造出完美的作品。

当今世界科技迅猛发展、产业深刻变革，技能学子要实现恪尽职守，首要任务是培养优秀的职业道德素养，保持勤勉踏实的工作态度，形成严谨细致的工作作风。与此同时，学子们还需不断提升职业技能水平，通过勤奋学习和刻苦训练，深入钻研专业领域，力求在知识方面不断精进、在技术层面不断突破。

专题阅读

梁兵：精工利器，匠心铸魂

因为加工的产品会直接影响坦克的射击精度，梁兵加工的零件精度往往都是微米级的。“光电瞄准产品哪怕只有0.01毫米的误差，坦克、装甲车到了战场就难以准确击中目标。”毕业后，梁兵从一名普通技工学校学生成长为中国兵器工业集团河南平原光电有限公司首席技师。

“精工利器，匠心铸魂”是梁兵的座右铭。“我们国家由制造大国向制造强国迈进，需要千千万万的掌握绝招绝技、有技能本领的青年工匠。”梁兵说。一枝独秀不是春，百花齐放春满园。2011年12月，以梁兵名字命名的梁兵技能大师工作室在河南平原光电有限公司挂牌。截至2022年4月，该工作室共有成员23名，包括高级工程师10名、工程师2名、高级技师6名、技师5名。工作室成立以来，梁兵不断在人才培养、带技能人才队伍上下功夫。在他的带动下，陆续组织开展数控设备高速加工、软件编程、异型零件难关突破等内容的大师讲堂活动。如今，这里已成为公司技能人才“切磋技艺”的大本营。在他的团队里，没有职位高低的等级划分，没有年龄性别的区别对待，谁能寻找“好点子”“新办法”，谁就是技术骨干和带头人。在这种“传帮带”和教学相长的机制下，一大批年轻技能人才脱颖而出：他们当中有巾帼英杰，有代表河南省参加全国数控技能大赛的“90后”技术能手，也有一直保持零部件良品率100%的优秀数控程序编制员。除了培养人才，梁兵技能大师工作室还承担着企业的技术攻关任务。

自工作室成立以来，梁兵带领团队成员攻坚克难解决了19项国家重点型号产品配套零件的加工难题，攻克解决了120余项技术瓶颈，累计为企业创造经济效益7 300余万元。“作为一名基层的技能人员，我有责任带动身边的年轻技能人员，走技能成才、技能报国之路。在制造强国和兵器事业的发展方面，努力贡献我们技能人员的力量。”梁兵说。

探究与思考

阅读上述资料，想一想梁兵是如何在工作中亲身带动年轻技能人才一丝不苟地工作的。

优秀的工匠往往以精湛的技能、恪尽职守的品格感染着身边的劳动者。正如梁兵一样，在工作中注重践行工匠精神，对待工作的态度，对质量的追求，最终都会体现在产品中。同时，他带领和影响更多的劳动者加入技能人才队伍，激励更多劳动者学习技术技能，引领社会的发展和进步。

知识链接

高技能领军人才培育计划来了！

2024年1月，人力资源社会保障部等七部门印发《关于实施高技能领军人才培育计划的通知》，计划从2024年到2026年，联合组织实施高技能领军人才培育计划。围绕国家重大战略、重大工程、重大项目、重点产业需求，动员和依托社会各方面力量，在先进制造业、现代服务业等有关行业重点培育领军人才，力争用3年左右时间，全国新培育领军人才1.5万人次以上，带动新增高技能人才500万人次左右。

目标任务 领军人才范围

领军人才

指政治立场坚定、践行工匠精神、解决生产难题、推动创新创造、培养青年人才的**骨干中坚技能人才**，

包括

获得全国劳动模范、中华技能大奖、全国技术能手、全国五一劳动奖章等荣誉，

或享受省级以上政府特殊津贴、获得省级以上表彰奖励，

或各省（自治区、直辖市）政府认定的“高精尖缺”高技能人才。

工作目标

以实施新时代人才强国战略为指导，紧密围绕国家重大战略、重大工程、重大项目、重点产业需求，动员和依托社会各方面力量，在**先进制造业、现代服务业**等有关行业重点培育领军人才。

力争用3年左右时间，全国**新培育领军人才1.5万人次以上**，带动**新增高技能人才500万人次左右**。

健全**培养、使用、评价、激励**联动推进机制，加快培养高质量发展所需的**技术技能型、复合技能型、知识技能型和数字技能型**领军人才，全方位用好领军人才，发挥领军人才引领示范作用，**带动高技能人才整体发展**。

二、严谨求实

严谨是一种严肃认真、细致周全、追求完美的工作态度。求实是通过客观冷静地观察、思考和探求，悟透事物的内在机理，再采取最合适的方法去解决问题的做事原则。

我国计算机事业创始人金怡濂院士是后辈眼中的“老工人”，在印制电路板这项“极限”工艺中，他和工作人员一起用砂纸磨模具，用卡尺量尺寸，常常加班到深夜两三点，为的是追求“零缺陷”。在航天界，有一个故障归零标准叫作“举一反三”。“两弹一星”功勋奖章获得者孙家栋说，比如一个电子管零件坏了，火箭或者卫星上的所有仪器，都不能再出现这一批次的零件，无论好坏都不能用，因为质量是航天的生命。

严苛细致是严谨求实的重要基础。工匠们做事时依靠的是严苛的标准、细致的态度，他们全神贯注地重复着每一道工序，审视着每一个细节，同时思考着每一个环节的内在规律。

专题阅读

王庭虎：像钉子一样钉在深山中的铁路养路工

1988 年，19 岁的王庭虎来到秦巴山区的巴山线路工区，成了一名铁路养路工。他一干就是 30 多年，从未离开，就像千千万万普通“道钉”一样，一锤子下去，就钉在了秦巴山里。

王庭虎所在的巴山线路工区管辖 12 千米铁路线路，却有着全线最高的桥梁、最长的隧道、最小的曲线半径和最大的坡度，这里因此被称为铁路“地质博物馆”。王庭虎和他的同事们所做的工作，就是要确保这条铁路的安全畅通。

巴山线桥工区四面环山，冬春雪不融，夏秋雨不停。钢轨使用寿命比其他干线要短，一年更换的大小胶垫要拉两大卡车，工作量是其他工区的 3 倍多。为此王庭虎每天都要背着 5 千克重的工具包，徒步往返辖区 24 千米巡查线路，用脚数清 44 160 根枕木，查清 441 600 颗道钉有无松动。

夜间巡道难度更大，从午夜12点一直到早上7点，打着手电筒，查看每一个细小的变化。天亮后回到工区，顾不上休息，接着准备下午的工作。王庭虎常将自己比作道钉，他说：“身有五寸长，决不只钉进四寸九。维护线路必须尽心尽力，丝毫不能有差错，这样才能百分之百保证线路安全。”

钢轨的轨距关系到列车是否能够平稳运行。每个月有5天时间，王庭虎都要带领工友们沿着线路测量轨距水平。每隔4根枕木，就要用标尺弯腰测量一次，记录一次。这样测完24千米就需要弯腰1.1万次和记录1.1万个数据。为了让轨距毫厘不差，20多年来，王庭虎行走线路超过12万千米，相当于一个人走了10个长征之路。

为了提高山区铁路养护精细化程度，他天天身上揣个小本本，逐根枕木采集数据，对比分析数据。一次，单位安排参观一家啤酒厂，看到自动化生产线上一罐罐整齐而出的啤酒，王庭虎受到启发，提出“工厂化”单元检修的新型养护模式，将每200米线路划分为一个单元，一个单元整治达标后，再进行下一个单元，大大细化了检修责任，提高了维修的质量效率，这一做法在全国铁路得到推广应用。

探究与思考

王庭虎是如何做到“严苛细致”的？

王庭虎是平凡的人，可平凡的人却在平凡的工作中孕育出严苛细致的品格。“每隔4根枕木，就要用标尺弯腰测量一次，记录一次。这样测完24千米就需要弯腰1.1万次和记录1.1万个数据。”这些数据的背后体现了王庭虎的“细心”与“严苛”。他在工作中树立高标准，逐根枕木采集数据；细致入微的观察促使他创造出养路新模式，不断努力实现自己的人生价值。

严格周全是严谨求实的重要内核。工匠们要求自己不折不扣地执行技术操作规范、作业流程，不允许有任何行为偏差，严之又严，细之又细，来不得半点马虎，容不得半点“差不多”。中国肝胆外科专家吴孟超，在手术台上做完主刀手术后不是马上去休息，而是看着助理医生将病人的伤口层层缝合好，点清楚所有医疗器械后，才走出手术室。

工匠在“严格”的工作状态下，通过不断坚持，反复磨炼，不忽略、不放过任何细微的变化，在蛛丝马迹中践行自己的职业追求。

专题阅读

张生周：严谨护航前行路

“转辙机锁闭杆距离锁闭框边缘不能小于1毫米，注意杆件连接螺栓不要过紧……”在郑太高铁修武西站，信号工张生周对身边的工友叮嘱道。

转辙机是控制道岔转向的关键设备，也是电务信号的核心设备。作为全国技术能手、全路首席技师、中国铁路郑州局集团有限公司电务专业技术“领军人”之一，张生周就像安全高效运转的转辙机一样，用一颗严谨的匠心守护列车前进的方向。

“往右再移动1厘米，对准位置再撤手，落槽时注意安全。”张生周提醒。施工现场，敲击声、联控声、机器动作声……相互交织，组成了一首美妙的“协奏曲”。

施工作业在严谨、精准和高效中有序推进。

高铁道岔决定着动车组前进方向，道岔的驱动装置——转辙机是张生周最看重的电务设备，对其检修，张生周严谨得有点“轴”。检查转辙机时，他要求内部锁舌、检查柱等不易检查的部位，必须做到一项不少、一处不漏、一点不落；自动开闭器接点柱和接点座要像两只手那样“紧紧相握”，实现耦合完全。

转辙机中的“道岔缺口”数值是判断道岔动作是否到位的关键参数。普铁“道岔缺口”数值允许误差是 ±0.5 毫米，高铁则是 ±0.1 毫米。张生周说，原来在普铁工作时，他可以靠肉眼评判这项数值。“在高铁上肯定不行，必须有更精准高效的检测办法。”张生周严肃地说。

张生周牵头反复试验，根据塞尺原理，研制出高铁“道岔缺口”专用检查工具——弓形“检查棒”，其两端厚度分别是“道岔缺口”被允许的最大、最小值。“数值是否超标，两头一试结果立现。”张生周介绍，这个小工具把“道岔缺口”调整、校核精度提升了近一倍。

“高铁高标准就体现在这些细枝末节上。”在张生周看来，哪怕只增加了一句话，调整了一下检查顺序，安全就多了一道保障。

探究与思考

结合张生周的故事，想想在工作中如何才能做到严格周全。

心中有责任，眼中有问题，手中有方法。如果说执行标准不走样，反映的是张生周认真负责的工作态度，那么，落实标准的创新做法，则彰显了他严谨务实的科学精神。在高铁岗位工作的 10 余年里，张生周负责的设备质量鉴定优良率达 100%。他所检修、包保过的设备未发生过一起责任故障。张生周的故事表明，严格周全、潜心钻研是对事业执着坚守的表现，反映了他心无旁骛的工作态度，更是对责任的一种果敢担当。

如何做到严谨求实呢？一名优秀的工匠在做事之前，一定会做好规划，画好图样，算好工期，准备好各个环节，把各个事项考虑充分之后再进入正式的实施阶段。拥有正确的方向、完备的计划、清晰的思维和认真踏实的态度才会更接近成功。

泥瓦工是建筑施工工作中重要的工种之一，其工作质量的好坏直接影响建筑的使用功能和整体美观程度。杨云刚开始接触泥瓦工时，只能做些提灰桶、递工具的杂活儿。“看师傅做得多了，心里觉得砌墙和抹灰也并不难。”然而，第一次尝试独立砌墙时，还没砌好墙就倒了。那时，杨云才明白，看似简单的砌墙、抹灰，其中也有不少学问。

在班组里，杨云是出了名的严谨。一位工友表示，常常看到他在施工图纸上比比画画，最开始大家都不解，并不复杂的图纸哪里需要研究那么久。当看到图纸上每一个符号、每一个数据都被精准解读和记录后，大家从不解变成了佩服。

正是因为善于计划和钻研，杨云在工作中发明了很多工装设备，革新了传统工艺，不仅提高了工作效率，还为公司累计节约了上千万元的成本。

如今的他，已经从一名农民工成长为班组带头人，并在 2017 年荣获全国五一劳动奖章，2020 年被评选为全国劳动模范。

“天下大事，必作于细。”这就是古代哲人所说的严谨求实。用规范、标准和精确来对待每一个零件、每一道工艺、每一次检测，将“容易”的事当“艰难”的事做，将“细小”的事当“天大”的事做，这是当代工匠对严谨求实的最好诠释。

专题阅读

孟剑锋：錾刻技艺的“大国工匠”

他是孟剑锋，高级技师，2015 年被评为首批“大国工匠”。

亚太经合组织（APEC）会议国礼《和美》纯银錾刻丝巾果盘、“一带一路”峰会礼品《梦和天下》首饰盒套装、北京冬奥徽宝、“两弹一星”科学家功勋奖章、“神舟”系列航天英雄奖章，这些巧夺天工的作品都出自孟剑锋之手。

可孟剑锋却说：“我没有最满意的作品。每一个作品从制作想法到制作技艺，都是尽当时所能，全力以赴做好，但现在反过来再看这些作品，还是会有遗憾在里面。”

2014 年 9 月，北京工美集团包揽了 APEC 三件国礼的设计制作任务，其中包括《和美》纯银錾刻丝巾果盘，孟剑锋是主要制作者之一。

APEC 会议期间，一些国家元首看到金色的果盘里放了一块柔软的丝巾，会情不自禁地伸手去抓，结果没有一个人能抓得起来，原来这块丝巾是用纯银錾刻出来的。为了做出仿竹编果盘的粗糙感和丝巾的柔美光感，孟剑锋反复琢磨、试验，制作了近 30 把錾子，最小的一把在放大镜下做了 5 天。“一把横截面 2.5 平方毫米的錾子，一共有 20 多道细纹，每道细纹大约有 0.07 毫米，相当于头发丝粗细。”

开好錾子只是完成了制作国礼的第一步。在厚度只有 0.6 毫米的银片上，有无数细密的经纬线相互交错，在光的折射下形成图案，这需要上百万次的錾刻敲击。不仅下手时要稳准狠，同时也要特别留神，不能錾透了，只要有一次失误，就前功尽弃。

为了保证按期完工，有人提议用机器铸造底托。“这个建议显然更快、更容易操作，但是用机器做出来的底托特别呆板，没有生命力。”孟剑锋决定全部用纯手工方式编织。将直径约 3 毫米的银丝编织成中国结，先要进行高温加热使银丝软化，并需在温度降低、银丝变硬前迅速编织。而且每弯一次需要重新再加温，反复多次才成型。

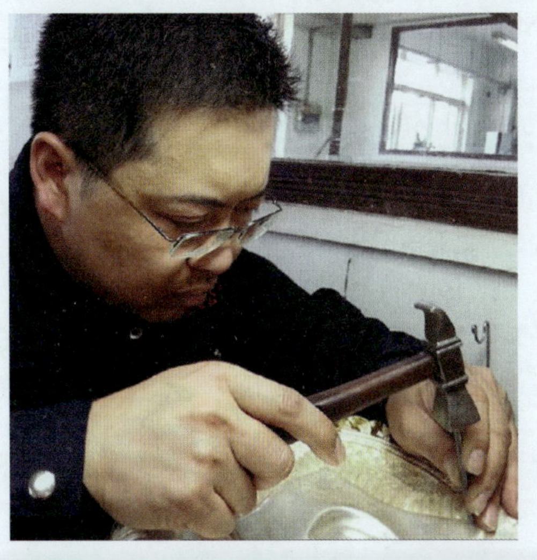

为了编底托，孟剑锋的手被烫出水泡，水泡磨破了，汗水一浸疼得钻心。咬牙坚持奋战了3个月，他手上的水泡变成了厚厚的茧子，食指都变形了，一根手指像两根手指那么粗。他怕影响工作，就用钳子剪去手上的死皮，接着干。

孟剑锋说："提起工匠精神，大家可能会认为它体现为一种手艺。我个人认为，弘扬工匠精神其实是鼓励人们在一个岗位上兢兢业业、严谨求实地工作，专注地做好一件事。尤其是对于新时代的年轻人，弘扬这种精神是非常必要的。因为只有在一个岗位上工作几十年，才可能做出一些成绩。"

探究与思考

作为一名技工学校的学生，如何才能使自己成为像孟剑锋一样严谨求实的从业者？

新时代是奋斗者的黄金时代，也是技能人才成长的黄金时代。三百六十行，行行出状元。每个行业都有绝活儿，每个领域都有尖端技术，掌握了绝活儿和尖端技术就掌握了高技能。当然，高技能不是轻而易举、轻轻松松就能掌握的，不仅需要劳动者热爱技能岗位、全身心投入，更需要劳动者勤于钻研、严谨踏实。千里之行始于足下，万丈高楼平地起。技能学子要树立正确的世界观、人生观和价值观，无论学习什么技术、干什么工作，都要满怀激情、坚定执着，从点滴做起，爱岗敬业，严谨求实。

专题阅读

郭从喜：当好产品质量“把关人”

郭从喜，高级技师，国务院中央企业技术能手，中国有色金属技术大奖获得者，航空自控发动机用各型号火箭喷管成品加工专项组现场技术指导。当年的学徒工早已成为技术大拿，但工匠炼成之路哪能一帆风顺？

1998 年，公司分析检测中心急需钨丝加热笼，这个重担落在了郭从喜身上。钨丝加热笼是上下两个电极盘中间由 100 多根钨丝连接而成的，全靠钨丝来传递扭矩，极易被扭折。

虽然小心再小心，郭从喜“车”的时候还是弄断了 2 根钨丝。为此，他写了人生中的唯一一份检查。

工期不等人，别的车工又做不出来，郭从喜再度出马。他将所有工艺参数重新梳理了一遍，反复琢磨，总结经验，最终将产品做了出来，并成功通过分析检测中心的验收。

这件事告诉郭从喜以后遇到困难时，既要严谨细致，又要从实际出发想办法。自此，郭从喜没有再干废一件产品，遇到难题也都被他想方设法一一化解。他刻苦钻研，技艺精湛，改进刀具、制作工装夹具，先后攻克多项钽、铌及其合金材料在机械加工中遇到的“卡脖子”难题，为企业发展壮大做出了突出贡献。

厂长对郭从喜赞誉有加：“他就是钽铌制品分厂的‘定海神针’！”

铌钨合金喷管，是航空自控发动机动力载体，薄壁件内外为六轮廓曲线，加工难度大，精度要求高。经过多次程序优化调试与试加工，郭从喜自主设计并加工了一套组合夹具，首件产品经三坐标检测，尺寸公差和形位公差完全达到技术要求。郭从喜以第一发明人申请国家发明专利，实现了大批量生产。

“精度要求非常高！喷管涂层后，要对焊接台阶进行校正加工，过程中不允许划伤表面涂层，这个涂层就像薄壁易拉罐，尺寸公差仅为一根头发丝直径的三分之一。”为此，他设计并加工了一套特殊材料与结构的夹具进行加工，结果各项数据都达到技术要求，产品一次合格率由最初的 85% 提高到 99%。

“检验工作的唯一标准，就是你做得好不好，是否尽职尽责、严谨细致，是不是全神贯注、全力以赴。”郭从喜常常对徒弟们这样说，一说就是好多年。

实践活动

把班级成员分为若干小组，寻找身边的“严谨求实者”。采访他们平时学习的故事，重点了解他们在学习中是如何做到严谨求实的。分组讨论后，进行小组交流。

第四课

追求卓越　愿乘长风破浪行

守正才能不迷失方向、不犯颠覆性错误，创新才能把握时代、引领时代。

——习近平

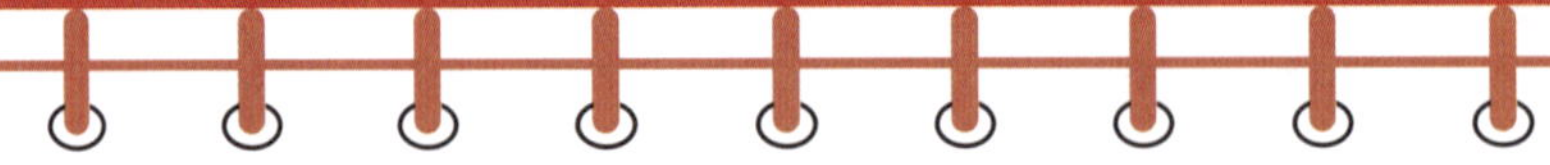

* 坚持创新是引领发展的第一动力。
* 追求卓越是工匠精神的灵魂。

追求卓越是指追求优秀的、杰出的目标。卓越不是一个标准，而是一种境界。它不仅是优秀，而且是优秀中的最优。卓越是一种追求，它是将自身的优势、能力，以及所能使用的资源，发挥到极致的一种状态。

优秀的工匠永远不会停滞不前，他们会以崇高的使命感、自我超越的人生态度不断精进，不满足于自己现有的技艺，在工作实践中不断学习、探索，努力提升自己的知识水平和技能水平。他们敢于尝试新知、突破自我，在竞争中为自己赢得更大、更广阔的发展空间；他们不断地为自己设定更高的工作目标，要求自己有更加出色的工作成绩；他们敢于直面失败，勇于担当，不断向着更高更险的山峰攀登。

从《诗经》中的“如切如磋、如琢如磨”到鲁班制造工具、蔡伦造纸、李春修建赵州桥等，无不是古代工匠追求卓越、追求完美的生动体现。新中国成立以来，一代又一代工匠们不懈努力，“两弹一星”、载人航天工程、高铁技术、大飞机设计与制造等，无不展现了我们对技术技能的精炼和深化，对知识的不断追求和更新。

专题阅读

许映龙：与台风“竞速”的“追风者”

作为国家气象中心（中央气象台）的首席预报员，许映龙被赋予了一个“酷炫”的称呼——“追风者”，追的还是台风。

从复杂的云图和大量的数据中尽快辨别台风、预测台风走向，提前判断台风何时何地登陆，并给出预报结果，无疑是一项复杂且艰巨的挑战，也是许映龙专注的日常。

气象预报中，每一个微小的数据和变化，都可能影响最终结果。一千米的预报误差，可能就会造成近亿元的损失。2023 年 7 月，台风“杜苏芮”在菲律宾以东洋面生成。由于观测的误差，以及数值预报模式描述的大气方程是近似解等原因，预报员需要对数值预报结果进行订正。许映龙通过细致分析，提前 4 天预报了“杜苏芮”将正面登陆闽南。在“杜苏芮”移入南海东北部持续减弱后，他准确预判“杜苏芮”到近海可能明显加强，为防汛应急决策提供了有力支撑。

要想提高台风预报的准确率，除了要提升预报员的分析判断能力，还要求对科学规律进行总结积累。为了一千米一千米地逼近台风，许映龙与团队收集了 1970 年以来国内外重大影响台风或飓风各地的观测数据和相关资料，分析了国内外台风数值预报模式的表现和差异。“气象预报发展离不开科技进步。”许映龙说。运用科学去钻研科学，许映龙带领团队研发了基于集合预报的台风路径订正方法，极大提高了台风路径预报水平；发展了基于风云气象卫星的台风客观强度估计及大风反演方法，提高了风云气象卫星的定量应用能力。2023 年，我国 24 小时台风路径预报误差为 62 千米，基于集合预报的台风路径订正方法也已成为实现“全球监测、全球预报、全球服务”的重要客观技术支撑。

探究与思考

“追求卓越”体现在许映龙工作中的哪些方面？

许映龙 30 余年如一日，坚守在国家级台风预报服务业务一线，致力于台风监测预报预警服务工作，为我国台风 24 小时路径预报技术达到国际领先水平做出了突出贡献，成为气象部门新时代“气象工匠”的典范。这份“匠心”一方面体现了他和他的团队对气象科技创新的积极探索，另一方面也体现了他对气象服务质量的不断追求。

全国劳动模范、中铁第四勘察设计院集团有限公司总工程师肖明清主持研究和设计了 70 余座大型水下隧道，从“万里长江第一隧”武汉长江隧道到世界首座高铁水下盾构隧道——广深港高铁狮子洋隧道，多座隧道创造了全国乃至世界之最。大国工匠、冶金高级技师潘从明近 30 年来，凭借勤奋和专注，在一次次艰苦攻关中砥砺前行，不断突破，从普通一线职工成长为一名国家级技能工匠，他主导完成技术创新项目 200 余项，其中近 80 项获“中国专利优秀奖”“国际发明展金奖”等。

追求卓越是优秀工匠身上共同的优良品质。他们数十年如一日，专注技艺，自我超越，将匠心融入日常，用韧劲攻坚克难。

一、推陈出新

推陈出新是指无论干什么工作、从事什么职业，都富有创见，解放思想、更新观念，用新思路、新举措、新办法攻坚克难。

对于杰出的工匠来说，技艺水平的提升总是和创新相伴而行的。他们学习传承技艺，但绝不会被既有的技艺所束缚。面对生产实践中遇到的各种问题，他们不会回避、不会退缩，而是将其看成是提升自己技艺水平、不断进取发展的一次良机。

为此，他们研究问题的症结，思考解决的对策，或改良工具，或革新工艺，或运用新的材料，或创造新的技术……他们反复试验，直到问题得到圆满解决。正是在对一个个生产实践问题的解决中，工匠们以与时俱进、推陈出新的方式，推动着技术技

能的发展，推动着社会文明的进步，也推动着工匠精神的发扬光大。

开拓的创新思维是推陈出新的重要基础。这就意味着工匠要摒除墨守成规、因循守旧的习惯，胸怀锐意进取、敢为人先的“匠心”，跟着问题走、奔着问题去，准确识变、科学应变、主动求变，在把握规律的基础上实现变革创新，不断推动事业向前发展。

专题阅读

张海波：坚持创新思维的闯关者

2019 年，河北港口集团秦皇岛港股份有限公司杂货港务分公司散粮部张海波荣获了第十四届中华技能大奖。

工作 30 多年来，他在现代港口生产运营中，用勤劳智慧和创新性思维解决了一系列电气技术难题，总结出一整套电气维修技术指南，从一名普通电工成长为国家级技能大师。

知识并不等于智慧，但知识必须转化为技术创新的智慧。张海波说：“创新需要多问几个为什么。”他参与技术创新，深刻感受和见证了创新思维给工作带来的巨大变化。

在工作中，他发现，在装载散粮等货物时，采用的是人工操控绞车的办法拉动沉重的火车车皮，使其对准仓位，效率很低。他决心一定要改变这种与现代化大港极不相符的作业方式。他了解到是由于当时使用的那套国外生产的设备在设计方案和控制程序上出现了问题，才导致需要人工操纵绞车。可当时与设备供应方的合同已经终止。

经过一番认真思考，在征得领导同意后，张海波决定自力更生、自己动手，改变这种笨拙的作业方法。在此后两个多月的时间里，他夜以继日地研究，不知熬过了多少个不眠之夜，不知修改、调整、升级了多少次控制电路和 PLC（可编程逻辑控制器）控制程序。终于，他成功了。张海波重新编制出一套符合生产实际并且具有自主知识产权的 PLC 程序，使沉睡了多年的散粮装车自动化控制系统苏醒了。

张海波总是说，作为新时代的产业工人，我们要培养自己的科学精神与创新思维，用宽广的知识面和创新的工作态度面对每一个问题，就没有什么解决不了的难题。

探究与思考

结合自己的学习，谈谈你是如何理解创新性思维的重要性的。

一个看似很难的问题，通过创新性思维便得到解决。如果固守于一种思维，总是依照传统的模式去工作，我们的工作能力就难以得到比较大的提升，久而久之，工作效果就会大打折扣。因此，要试图打破固有的思维和模式，不要让创新只停留在理念层面，而要付诸行动，通过技术创新、产品创新，向着更高更远的目标迈进。

先进的创新方法是推陈出新的内在核心。优秀的工匠不仅具备开拓的创新性思维，还善于将创新思维转化为实践中的创新能力。他们敞开思想谋划新思路、放开手脚追求新突破，努力想新办法、找新出路，并将创新成果转化为生产所需、技术所用。他们创造新经验、开创新局面，不断实现新时代新征程的目标任务。

专题阅读

刘丽：用创新方法续写“我为祖国献石油”

刘丽是中国石油大庆油田有限责任公司第二采油厂第六作业区48队采油工人，为了确保油田的高产、稳产，作为新一代石油工人的刘丽，在采油一线奋战了30余年。

不同于过去靠地层压力石油就能喷涌而出，如今，采油难度越来越大，新一代石油人的奋斗要靠创新去实现突破。

1993年，从技工学校毕业的刘丽来到有着光荣传统的大庆油田，成为一名采油工人。出生在黑龙江大庆市的刘丽，从小听着铁人王进喜的故事长大，她的父亲也曾和王进喜一同参与过大庆油田会战。在父亲的影响下，刘丽在岗位上迅速成长为一名技术能手。“大庆精神”“铁人精神”像一面旗帜，激励着她不断向前。

和父辈们在贫瘠的土地上“出大力、流大汗”不同，作为新一代石油工人，刘丽更懂得用创新来为大庆油田的高产、稳产做贡献。

每次上井工作，采油工携带的工具重达15千克，刘丽经过巧妙构思、多次试验，将撬杠、管钳、扳手和旋具合为一体，操作工具总重量减少到2.5千克。这种使用时可随意切换的工具，既减轻了工人的劳动强度，又大大提高了工作效率。

心里面想着工作，灵感总是不时闪现。刘丽发明的“上下可调式盘根盒”，解决了采油工更换盘根难、盘根使用寿命短等弊端。多年来，5代“上下可调式盘根盒”在6万多口油井上使用，每年节约维修工时10万小时以上，节电2.4亿多千瓦时，多产油近万吨。

2011年，以刘丽名字命名的“刘丽工作室”成立。在刘丽看来，团队是技术和力量的整合，以前自己做，现在带十个人、百个人一起做，产生的效果肯定是不一样的。

如何在解决问题的同时，既能保证工作干得更快，还能干得更好，是刘丽日思夜想的事情。“做的东西要不断加以改进，甚至以前的东西还要推翻重来，这就是创新进取、追求卓越。”刘丽说。

刘丽曾说：“创新的目的是要追求实用性、经济性和安全性。”生产中每天都会面临各种各样的新问题，刘丽的工作就是解决问题，但她解决问题的方法并不是墨守成规，而是以新颖、独特、别出心裁的方法去突破常规。

对于优秀的劳动者来说，优异的技术能力总是与创新相伴而行的。他们学习专业技能时，不会被既有的技艺约束。面对实际操作中遇到的各种问题，他们不是回避、退缩，而是不断思考、进取，直到问题得到圆满解决。

专题阅读

黄俊：好师傅带出创新好团队

黄俊是江苏恒力制动器集团（简称恒力集团）首席高级技师、维修电工班班长，全国劳动模范、全国技术能手。与机器打了20多年交道，黄俊凭着一股勤奋钻研的韧劲，自学成才，成长为企业最年轻的首席高级技师。2014年，恒力集团黄俊领衔的技师创新工作室和技能大师工作室成立。

自从成了工作室的领头人，黄俊深知自己已经不是一个人在战斗，而是要带领一个团队向前冲。为了让这个团队快速成长，黄俊充分发挥劳模的先锋模范作用，牺牲了许多休息时间，对工作室成员进行“传帮带”。

从进入工作室开始，黄俊就和工作室成员签订了“师徒合同”，不遗余力带领徒弟掌握新技能。在黄俊的影响下，创新工作室形成了学习技术、钻研创新的良好氛围。黄俊还善于在实践中带领工作室成员共同成长提高。此前，企业购买了很多自动化设备，如果这些设备过了保修期，请外部人员进行维修，维修费用会非常高。黄俊带领工作室成员研究这些自动化设备的图纸，在生产现场记录每一个程序动作和参数，把这些设备的原理全部研究透彻。他带领工作室成员发明的“黄俊数控机床故障诊断排除法”，每年为企业节省维修费用20多万元。

以前的汽车制动检测装置需要工人用脚去检测，经过长期的摸索和研发，黄俊领衔设计出气压盘式制动器“制动间隙自动检测、蹄拉力检测流水线”，将50只工人的脚，变成50只机械脚，确保了汽车制动装置生产达到百分之百的合格率。这项产品已经成功成为国内许多大型汽车制造商验收汽车制动装置合格的配套装置，为公司节约了200多万元的技改资金，每年产生经济效益1 000多万元。这项产品荣获中国汽车科学技术三等奖和中国汽车工业科技进步三等奖，为保证汽车的安全性能做出了很大贡献。

打造出质量过硬的产品，带出一支技能卓越的队伍，黄俊充分发扬了工匠精神。正是有黄俊这样的工匠带领出的一支高素质的产业工人队伍，企业才能在激烈的市场竞争中稳居行业前列。

对于每一位劳动者而言，发扬工匠精神，更应落实在行动上，对产品和服务负责、对工作执着，在技术上持续创新与精进，并且影响周围的人，只有这样才能在自己的工作岗位上实现更大的价值。

在工作实践中，技能学子可以从学习工作中的“微创新”做起，积极参与以“小革新、小发明、小设计、小改造、小建议”为主要内容的“五小”群众性技术创新活动。在需要运用创造力解决问题时，先明确需求，限定一个框架，然后在框架内寻找答案。这远比漫无目的的发散思维或静候灵感降临更有效。要勇于抓住创新赛道上的各种机会，努力锻炼自己，在竞争中不断激发自己的潜能。

专题阅读

王军：学习、创新永远没有止境

王军，宝山钢铁股份有限公司钳工，高级技师，全国劳动模范、全国技术能手、第十三届中华技能大奖获得者。作为著名工人发明家，他曾获国家发明金奖14 项、国际发明金奖 4 项。他在学习和创新的道路上从不停歇，先后两次荣获国家科技进步奖二等奖，是国家级技能大师工作室带头人。

王军始终坚持理论学习与技能提升相结合，他从技工学校毕业后，用 8 年业余时间完成了本科系统学习和高级技师培训。他立足岗位创新，挑战行业技术难题，持续提升创新能力，从一名剪刃工成长为技能专家。

终身学习成就了创新奇才。只要在生产线上发现设备的缺陷，王军就能很快找到创新点，找到解决问题的方法。王军三大类创新项目之一的“层流冷却关键装备技术”是一个世界级行业难题，传统工艺已不能完全满足高品质钢板的质量和精度要求。王军历时10年，完成了“高成材率节能环保热轧层流冷却成套技术装备”的研发，现在已经升级到第4代。该项目在节能和环境保护方面效果显著。项目成果全面应用以来，设备运行稳定可靠，且具有完全自主知识产权，彻底改变了以往此类核心装置长期依赖进口或仿制外国产品的局面，实现了由空白到国际领先水平的跨越式提升。

王军以学习与创新为人生坐标，永不止步。现在，他又积极投入技术“传帮带”活动和创新方法的传播工作中，担任王军创新室负责人、宝钢员工创新活动基地创新指导志愿者和多家员工创新工作室导师，每年承担技师和创新骨干培训工作。

二、永攀高峰

永攀高峰是指不断超越过去的目标和成绩，去创造更大的空间。永攀高峰是一种状态、一种追求。不断反省自己、提升自己、完善自己，不断自我超越的过程就是永攀高峰的过程，也是追求卓越的过程。永攀高峰的意义在于学习和创造，在奋斗的过程中实现自身价值。对真正的工匠来说，永攀高峰是工作的需要，是一种工作品质，甚至可以说是一种信仰，是永无止境的。永攀高峰不仅是对工作价值的一种肯定，也让工匠的人生价值在不断超越中得到升华。

永攀高峰的背后，往往闪耀着卓越精神的光芒。习近平总书记深刻指出：“追求卓越，就是执着专注、一丝不苟，坚持最高标准、最严要求，精心规划设计，精心雕琢打磨，精心磨合演练，不断突破和创造奇迹。”正是因为追求卓越、永攀高峰，一系列中国设计、中国技术、中国材料、中国制造、中国建造，创造出一个又一个“中国奇迹”“世界一流”，让一个又一个“不可能”成为“可能”。

专题阅读

徐遥令：让“不可能”成为“可能”

在过去很长的一段时间，中国彩电业饱受着“缺芯少屏”之痛，电视所用芯片长期被本土外的品牌垄断。为此，徐遥令临危受命任项目负责人和整机系统设计师之一，带领技术“尖刀班”挺上“第一线”，在国外技术封锁、国内资料奇缺的困局中，研制出中国首款电视所用芯片和整机，并实现千万台级量产，让世界听到中国的“芯”跳。

谦虚、简单、执着、敬业、创新与改进，对于工匠精神，徐遥令是这么理解的，也是这样做的。回望坚守研发的15年，责任和使命已深深刻在他的骨子里。他说，动力其实很简单，就是要不断超越自己，永攀高峰。他因勤奋工作而收获成果，因收获成果而使内心感受喜悦和自豪，因喜悦和自豪而充满热情和力量并继续努力工作。

在这场看似不可能完成的芯片突围战中，徐遥令的造“芯”意志从未屈服，他开始在新领域“摸着石头过河”。然而，探索的路上，过河的石头很难寻找。一方小小的芯片，为何如此之难？以 28 纳米技术为例，集成度相当于在指甲盖大小的面积上制造出 10 亿个以上的晶体管，其中，每根导线的直径相当于人体头发丝的三千分之一。作为首款国产电视所用芯片，想要得到顾客和行业的认可，必须有领先的性能，这是他面临的又一个挑战。

为了抢抓进度，徐遥令周密审查每一项设计、深究每一个出现的问题、积极思考可能的风险和应对措施，加班加点夜以继日地持续奋斗。在芯片还在试生产时，他就带领团队同步设计出了配套的软硬件系统、搭建了平台，为芯片测试验证提供了一个完整方案，极大地加速了芯片的完善成熟。

经过反复琢磨、反复修改、连续不断的试验，徐遥令和团队不断突破自己的技术极限，在屡战屡败、屡败屡战中成功研发出中国首颗 TV SoC 芯片和首款国产 TV SoC 智能电视。“从设计、生产、封装到下游终端产品应用，全部在中国完成。”这款芯片也标志着中国彩电业实现国产芯片“零”的突破。

芯片之争，是一场没有硝烟的战争，也是一场智慧的交战。徐遥令说，必须永攀高峰、不断超越、突破技术瓶颈，坚持创新驱动、推动科技自立自强，才能甩掉“卡脖子”的手。

探究与思考

请梳理，哪些方面支撑着徐遥令在中国彩电业国产芯片研发道路上实现了“零”的突破。

理想有多大，舞台就有多大。拥有坚定的理想信念是永攀高峰的一个重要基础。发动机是火箭的心脏，能否掌握高效率、无污染的液氢液氧煤油发动机是一个国家成为航天大国的重要标志。曾有国外专家断言，“即使中国人能设计出 120 吨液氧煤油发动机，也不可能制造出来”。中国航天最可贵的是从挫折中奋起。在长征五号火箭总指挥王珏的带领下，卧薪尝胆，长征五号遥三运载火箭发射成功，中国航天人再次用大火箭移山倒海的力量征服世界。为了这次发射，一群正处在事业上升期的青年人才默默经历了长达十多年的潜心研制。“大火箭值得我们付出最好的年华。”“如果倒退十年，我们所有人还会选择研制长征五号火箭。”这群青年人才不惧失败、勇往直前，将中国长征系列火箭推向新的高度，也向世界展示了中国航天人不断追求卓越的勇气和毅力。

专题阅读

胡洪炜：特高压线上的“带电超人”

胡洪炜自 2000 年参加工作以来，始终坚守在特高压运维检修作业一线。

攀爬到 40 多米的高压铁塔上，在烈日下、寒风中，进行温度、湿度、风速、绝缘绳索、软梯、屏蔽服等的检测都是他的日常工作。和他共事十余年的刘师傅曾说："胡洪炜有三个'不会'：有高空作业不会选择地面作业，有高塔不会选择低塔，有远的不会选择近的。"支撑他这样做的是什么？是他坚定的理想信念，以及对工作的热爱与执着。

2009年，胡洪炜要挑战世界上首次±800千伏特高压输电线路带电作业。特高压输电线路上具有超强电磁场，会产生强大的感应电流。没有相应的保护措施，稍一碰触便会瞬间化为灰烬，此前是没有人敢触碰的"生命禁区"。

面对挑战，胡洪炜选择了勇往直前。半年里，每天十几个小时的魔鬼训练，胡洪炜用完了200副手套、穿坏了14双工作鞋、磨破了7套工作服……伴随着导线刺耳的"吱吱吱"放电声，胡洪炜毫不畏惧，凭借标准的技术动作瞬间进入了特高压直流强电场。"那种感觉，脸上就像是被无数根小针扎，头发像被人用力撕扯。"胡洪炜回忆。在队友的默契配合下，胡洪炜连续精准操作1个多小时，试验圆满成功。之后，±800千伏特高压直流输电技术正式投入应用。胡洪炜成为勇闯特高压带电作业领域的"世界第一人"。

"勇当高科技攀登者，不仅要当中国的状元，还要当世界的状元。"胡洪炜说。

胡洪炜之所以能够成功，是因为他一直怀有"能源强国"的信念。"我将秉承党的二十大精神，敢于拼搏，勇于攀登，迎难而上。"他说。工匠肩负着铸造民族辉煌的重任，他们把个人理想与祖国人民的利益熔铸到一起，永攀高峰，勇担使命，即使面对再大的困难和挑战，他们都会在理想信念的指引下，一往无前，不断追求更高的目标。

坚定的理想信念不是一句空洞的口号，需要胆识、坚韧和超越。自我超越是永攀高峰的核心要素，是全力以赴，不断超越过去的自己。因为只有超越过去的自己，才能不断创造更卓越的自己。

专题阅读

张翼飞：不断自我超越的"焊神"

因为不断超越自我、不断超越前人，他成了众人眼中的"焊神"。他就是电焊高级技师、全国技术能手、中华技能大奖获得者张翼飞。

在亚洲金融危机时期，张翼飞所在的企业为德国建造了4艘集装箱船的上层建筑结构，但因为苛刻的检验而迟迟不能交付，如果再不能过关，企业将面临数额巨大的罚款。张翼飞得知这个消息后，主动向领导请战，承诺道："我的班组可以解决这个问题。"当时很多人都心存疑虑。面对巨大的压力，张翼飞明白，要想检验过关，就必须掌握过硬的技术。两个月后，张翼飞和他的班组终于打赢了这场攻坚战，张翼飞成了"明星"。

张翼飞深信，正确的理论是提升技艺的可靠保障。因此，他对焊接理论进行了系统的学习和研究。他屡屡获得殊荣，全国技术能手、中华技能大奖、全国劳动模范等荣誉并没有使张翼飞停止钻研技术的步伐，他深深明白"勇于超越"这个道理。

数年前，企业从国外引进了一批先进的焊接设备，国外专家几经调试也无法使设备的某些技术参数达到施工要求。"让我来试试！"这时张翼飞站出来说。张翼飞对设备参数进行了大胆修改，结果焊接设备调试取得了理想效果。张翼飞的手艺得到了国外专家的称赞："张师傅的焊接水平是世界级的！"

张翼飞并没有因为自己的高超技艺而沾沾自喜。他认为，人应该把目光放得更远，应该掌握更多的知识。现在，张翼飞已经掌握了100多种焊材的焊接技术，也就是说，他所掌握的焊接技术几乎涵盖了所有焊接领域。经常有人问张翼飞："你真有这样神奇的本领？你是怎样练就这种神奇的本领的？"他微笑着回答："其实这也没有什么，只要用心，肯下功夫，一切就不再神奇。"

探究与思考

张翼飞是如何做到“勇于超越”的？

不断精进成长，才能超越自我。张翼飞为了实现中国造船强国梦，利用一切时间，积极做好各项技术储备工作，让自己的焊接技术功底更深厚，焊接领域更宽广，成功实现了一次又一次的自我超越。他把钻研技术当作乐趣、当作动力，立足岗位，胸怀行业，体现了大国工匠的境界——自强不息、开拓进取、追求卓越、永攀高峰。

技能学子如何保持永攀高峰的状态与追求呢？首先，大家需要有技能报国的坚定信念，把技能报国的理想作为打磨技术、苦练本领、成就梦想的重要支撑。其次，大家需要有清晰的目标和计划，要知道自己应如何精进技艺，并不断去改进完善。最后，在日常学习和工作中，应养成精益求精的习惯，力求做到最好；在此基础上，要始终相信自己的能力，并坚持努力向前，不断地追求卓越品质，逐渐培养出工匠精神。

专题阅读

从训练场到赛场，他们千锤百炼、不断超越

一把刮刀、一堆灰泥，手起刀落毫不费力，留在墙上的一抹白底平整细腻，行云流水间透着深厚功底——从泥子的使用量，到刮刀与墙面的角度，再到上墙的力道，样样有讲究。

在2022年世界技能大赛特别赛上，来自浙江建设技师学院的马宏达在抹灰与隔墙系统项目中获得金牌，实现了中国队在该项目上金牌零的突破。

“抹灰环节需要限时完成，操作误差不能超过1毫米，靠的是日积月累的肌肉记忆。”马宏达说。出生于2000年的他，从小在美术和动手能力上显现出特别的天赋。2016年，马宏达进入浙江建设技师学院学习。一年后，他便加入学校的抹灰与隔墙系统项目实训队。

备赛期间，马宏达每天训练时长不低于 7 小时；夏日炎热潮湿，训练服一天要换好几套；一双 5 厘米厚、能穿一年的防砸防刺的劳保鞋，在他脚上两个月就磨破了底……“从 60 分到 90 分并不难，但要到 100 分，就需要千锤百炼、精益求精，才能应对各种挑战。”马宏达说。

回忆起训练的日子，2022 年世界技能大赛特别赛移动机器人项目金牌获得者侯坤鹏、唐高远直言：“所有的艰辛和付出都是值得的。”侯坤鹏、唐高远两人分别于 2017 年、2018 年进入漯河技师学院学习。一次参加市里的比赛，看到别的项目组操控移动机器人灵活运动，他们对此产生了强烈的好奇心，从此开始积累机器人相关知识。“零基础，都是凭借自己的兴趣坚持了下来……”他们说。

在训练之初，唐高远一度难以理解函数的使用原理，侯坤鹏装配机器人也不熟练。两个人面对困难的方法都是“加练”——晚上下课后，唐高远继续刷题，体会函数的作用；侯坤鹏则留出一个小时来练习拧螺钉等动作，克服紧张情绪。最终，他们以第一名的成绩通过集训考核并代表中国队参加 2022 年世界技能大赛。

2021 年，两个人几乎一年没有回过家，整日泡在学校的实训教室中，与教练一起解决新发现的问题。2022 年，国家集训队辗转奔赴安徽六安、广东广州、云南昆明等地进行轮训。每天的训练，侯坤鹏、唐高远不敢有片刻松懈……

越来越多像马宏达、侯坤鹏、唐高远一样的青年人，不断超越自我，用刻苦的训练精进技艺技能，以一技之长点亮梦想，为中国制造、中国创造加油助力。

实践活动

寻找学习、生活中的创新点。根据在本课学习过程中你对创新的理解，写出一个在你学习、生活中发现的创新点，实现一项微创新。

1. 目前学习（生活）中存在的小问题（或细微需求）：

____
____
____
____
____
____

2. 分析问题产生的原因：

____
____
____
____
____
____

3. 创新点：

____
____
____
____
____
____

4. 解决问题的方法：

____
____
____
____
____
____

第五课

匠心筑梦　家国情怀铸人生

广大青年要坚定不移听党话、跟党走，怀抱梦想又脚踏实地，敢想敢为又善作善成，立志做有理想、敢担当、能吃苦、肯奋斗的新时代好青年。

——习近平

* 技能人才是工匠精神的传承者与传播者。
* 技能学子要进一步坚定技能立志、报效国家的理想信念。

全面建设社会主义现代化国家寄托着中华民族的夙愿和期盼，凝结着一代代人的汗水。无数工匠用自己的匠心，在自己的工作岗位上，为这个梦想努力奋斗着。

卓越，来自精益求精；完美，来自一丝不苟。匠心就是精准、精细、精湛，就是创优、创新、创造，就是传承、传授、传播，就是专注一件事情，执着地做下去。以中国式现代化全面推进强国建设、民族复兴伟业，需要每一个工匠精益求精、追求卓越，需要每一个工匠都具有这样的咫尺匠心，都能够在工作中执着专注、一丝不苟。

弘扬工匠精神，打造技能强国。千百万走在工匠之路上的技能学子们，是推动我国从制造大国向制造强国转变的新一代工匠主力。这是时代的召唤，历史的使命。

匠心筑梦，需要我们把国家之梦、民族之梦作为自己的梦想，以大国工匠为标杆，将自己的岗位变成舞台，将自己的劳动变成创造，将工匠精神内化于心、外化于行，在技能报国的理想追求中，塑造自己的精彩人生。

一、内化于心 外化于行

内化于心是指将工匠精神的精神内核深深扎根于内心，坚定树立“技能亦可报国”的信念，并转化为思想的自觉，行动的坚守。

一代一代大国工匠们把专注不移、追求极致的气质，融进了他们出神入化的手艺里，把手里的一件件产品、一次次任务都做成了一个个卓越的作品。“着一事、传一艺、显一技”，这种精神境界，是值得所有劳动者学习的一种职业精神。这种精神要深深扎根于每位技能学子的内心，进而坚定不断精进技艺的信念。

“炮制虽繁必不敢省人工，品味虽贵必不敢减物力”。同仁堂各门店都会在显眼处悬挂这样一副对联。这是同仁堂创办人留下的训条，历经 300 多年，成为同仁堂人的制药原则和精神信念。每当新员工进入同仁堂，老师傅们都会指着同仁堂店门上的这副对联，谆谆叮嘱：“这不是对联，也不是箴言，是规矩，是良心！”而要将这“规矩”内化为“良心”，则需要一点一点磨砺。

专题阅读

张冬梅：将“规矩”内化为“良心”

安宫牛黄丸位列中药“温病三宝”之首，是中医急、重症用药，也是同仁堂的王牌产品之一。全国劳动模范、大国工匠张冬梅是同仁堂“安牛班”的班长。她 17 岁进入同仁堂，30 余年就做了一件事：手工制作安宫牛黄丸。

1982 年，17 岁的张冬梅进入同仁堂做学徒，实习期正赶上制剂车间“搓安牛”。制丸前的准备过程包括分份、称重、打条和整条。只有保持整根药条的均匀度，才能保证每一丸药的重量都合格。手工“搓丸”讲究的是“推”的力度，“搓丸”中两只胳膊的用力必须一致，否则会造成药条两端的丸药重量不一致；同时搓丸的回力要均匀，如果太快就会使丸药的外形不圆。张冬梅回忆：“我发现‘打条’有点像包饺子，为了能尽快达到合格标准，天天回家后练习搓面，那段日子我家天天吃面条！”实习“轮岗”大半年，张冬梅陆续接触到药厂各车间的工序，对制剂、研配、合坨、制丸有了了解。“轮岗”结束后，她被分配到包装车间，在此工作的 8 年间，掌握了裹金、包玻璃纸、扣皮、蘸蜡、打戳、外包等多项工艺。

2005 年前后，干活儿踏实、技术全面的张冬梅被任命为“安牛班”班长。当上班长后，张冬梅深感重任在肩。她化压力为动力，立志要将老一辈同仁堂人坚守的“初心”与“匠心”延续并传承下去。

张冬梅说，安宫牛黄丸从选料到出品，每道工序都特别讲究，但每道工序讲究到什么程度，全凭药工心里的那杆秤。对此，张冬梅的徒弟深有感触：“麝香里面有一些细微的绒毛要用手一点一点地拿出来。有一次拿毛，我们前后共拿了 7 遍，但是到师傅那边验的时候，还是通不过。师傅说，这毛拿不干净，没人知道，但是凭着良心去做救命药，这是咱同仁堂一代一代传下来的规矩。”

探究与思考

大国工匠张冬梅是如何将“规矩”内化为做药“良心”的？

多年来，张冬梅和她的工友们牢记两个“必不敢”，时刻提醒着自己“药丸三克，责任千斤”；在各个环节、每个细节恪守“修合无人见，存心有天知”的古训。正是这种信念，使他们从“不敢”偷工减料走向“不忍”偷工减料，再走向“不想”偷工减料的严格自律的境界。这种发自内心的自觉行动，传承、传扬着同仁堂300多年的长盛之路，使“同仁堂”三个字成为我国中医药界的“金字招牌”，受到人们的普遍信赖和尊敬。

将工匠精神内化于心，必须具备忠诚的品质。所谓忠诚，就是尽心尽力，真实不欺。

首先，要对国家忠诚。国家是生我养我、培养我成长成才的家园。没有国家，没有对国家的忠诚，再有才能的人也只是水上的浮萍。他可能有体面的工作、富裕的生活，但很难有精神的富足、民族的自豪、价值的实现。中华人民共和国成立时，像钱学森这样一批已经名扬世界的科学家，毅然放弃海外的职位、优越的研究条件和富足的物质生活，回归祖国，就是出自内心对国家的忠诚，也正是这种忠诚，支持着他们在一穷二白的土地上，白手起家，艰苦创业，最终为新中国的崛起和民族的复兴做出了卓越的贡献。当代的大国工匠们，同样出于对国家的忠诚，用自己的汗水和心血默默劳作，为国家强盛、民族复兴做出了自己的贡献。

其次，要对职业忠诚。我们从事任何职业都是在为他人、为社会创造价值，同时也体现着自己作为一个社会人应有的价值。从这个意义上说，优秀的工匠都是从职业的价值出发，将自己所从事的工作作为值得一生追求的事业，在事业获得成功的同时，实现自己的人生价值。这就是对职业的忠诚。这种忠诚，集中表现为对事业和工作的热爱，将自己所从事的职业看作民族大业和国家大业的一部分，忠于职守，尽心尽责。

最后，要对自己的人格忠诚。人格是一个人的思想、情感及行为的统一体。正如卡尔·马克思所说，“特殊的人格”的本质不是人的胡子、血液、抽象的肉体的本性，而是人的社会特质。因此，如果我们想获得他人的尊重，就必须让自己的人格符合社会的期待，包括我们的理想信念、道德品质、行为方式等。忠诚于自己的人格，就是始终相信并践行自己的选择符合国家和人民的利益，相信并践行自己的追求能够为社会大众带来福祉。当我们处于这样一种状态的时候，就能够获得自信，获得动力，获得自豪和荣耀并自觉将工匠精神内化于心。

专题阅读

洪家光：以心“铸心”的大国工匠

身着深蓝色的整洁工装，犀利的目光紧盯着旋转的零件，一双大手飞快旋转着车床摇把，进刀、车削、退刀一气呵成，他就是在中国航发沈阳黎明航空发动机有限责任公司（简称中国航发黎明）从事航空发动机工装制造的高级技师洪家光。

1998 年从技工学校毕业后，洪家光来到中国航发黎明。他从一名学徒工一步步成长为大国工匠。他和身边的工友们一起，务实创新，发扬奉献精神，发挥先锋模范作用，助力完成各项生产任务。

发动机是飞机的心脏，航空发动机被誉为现代工业“皇冠上的明珠”。洪家光团队加工的是用于制造航空发动机的工装工具产品，这些工具主要用来加工航空发动机的零部件。发动机用的零件精度要求非常高，洪家光对每一个微小尺寸都精益求精。

一次，在加工修正金刚石滚轮工具时，掌握此项技术的师傅生病住院，洪家光主动承担起任务。为了提高工具加工精度，他在当时的车床无法满足加工要求的情况下，开始一项项改进：减小托盘与操作台的间隙；改造传动机构中齿轮间咬合的紧密程度；原有的刀台抗震性不强，他就重做刀台；小托盘与下面的托盘有间隙，他就想办法将小托盘固定……

经过无数次尝试，洪家光最终研发出一套用于打磨叶片砂轮的滚轮工具。这一工具被叶片加工厂使用后，加工叶片的质量得到明显提升。

如今，洪家光先后完成了200多项工装工具技术革新，解决了300多个工装工具技术难题。他与团队成员研制的“航空发动机叶片滚轮精密磨削技术”荣获2017年度国家科学技术进步二等奖。以他名字命名的“洪家光劳模创新工作室”和“洪家光技能大师工作站”承担起了“传帮带、提技能”的职责。

洪家光心中“大国工匠梦”的背后，是“航发人”代代传承的报国情怀——“国为重、家为轻，择一事、终一生”。

探究与思考

请梳理，哪些理念支撑着洪家光不断深耕于航空发动机工装制造领域。

洪家光始终扎根岗位，秉承献身航发事业的责任与担当。正是他这种“以精湛的技艺打造国之重器，为科研生产砥砺前行”的情怀与坚守，助推了航空发动机制造技术水平的不断提升，他以内化于心的工匠精神为飞机打造出了强劲的“中国心”。

外化于行，就是要把“执着专注、精益求精、一丝不苟、追求卓越”的工匠精神落实到日常的学习和工作中。外化于行，就是要把工匠精神所蕴含的职业品质和职业行为落实在具体的岗位实践中，贯彻在工作的各个环节内，体现在产品的每处细节上。杰出的工匠之所以能够获得人们的尊敬和赞美，是因为他们干出了切实的工作成效，为国家和社会做出了巨大的贡献。

杰出的工匠，一定是过硬技术与工匠精神相结合的典范。没有精湛的技艺，就不可能有优质的产品；没有辛勤的劳动，就不可能有事业的成就。高超的本领是践行工匠精神的前提和基础。执着专注、追求卓越，钻研技术、勤学苦练是成长为一名杰出工匠的第一步。

董礼涛是哈电集团哈尔滨汽轮机厂有限责任公司的一名特级技师，先后荣获全国劳动模范、第十三届中华技能大奖、全国技术能手等荣誉称号。

1989 年，董礼涛从技工学校毕业后，成为一名铣工学徒。当时，公司对铣工加工的要求是将孔洞形位控制在 0.2 毫米内。“能不能控制在 0.02 毫米内？”董礼涛对自己提出更高要求。他利用休息时间，捧着书本仔细钻研，趴在铣床上反复琢磨。此后，他提出一些大胆的、非常规的加工方法，提高了工作效率和产品品质。

工作 3 年后，董礼涛开始参加公司开展的职工技术比武活动，连续占据冠军“宝座”，先后获得“铣工状元”“技术大王”等荣誉称号。1998 年，年仅 27 岁的董礼涛晋升为高级技师，创下了当时公司年龄最小高级技师的纪录。

2010 年，首台 30 兆瓦燃气增压机组国产化生产攻关的重任落在董礼涛肩上。董礼涛明白这份工作的分量，他和同事每天扎在车间，反复研讨，寻求突破。经过不懈努力，整套燃气增压设备国产化任务终于完成。

探究与思考

大国工匠董礼涛有怎样的技能？他为我国装备制造业做出了哪些贡献？

要用好一技之长，需要一丝不苟、精益求精。具有强烈的工作规范意识和正确的职业行为习惯，牢固树立标准意识、质量意识，这是成长为杰出工匠的必要条件。

“一口清、一手精、实名制”是中车长春轨道客车股份有限公司高速动车组严谨制造的体现，也是为保证产品的完美品质而形成的“操作文化”的具体内容。所谓“一口清”，就是在生产员工的班前会上，随机抽出一名员工，高声背诵出自己的工艺文件和操作规程。几年中，“一口清”达标率始终保持在 100%。所谓“一手精”，就是对员工的作业规范和质量标准进行严格检验。在 4 万人次的抽查中，员工一次性通过率达到 99.99%。所谓“实名制”，就是员工完成每一道工序后贴上印有自己姓名的标签，并对其负责。无论“一口清”“一手精”还是“实名制”，其目的都是让员工对工艺规范、质量标准时刻怀有敬畏之心，自觉地将工作职责融于心、践于行。

专题阅读

周建民：我的工作就是跟毫厘较劲

作为中国兵器工业集团淮海工业集团有限公司工具钳工、中国兵器首席技师、全国劳动模范，周建民不借助任何机器设备，全凭手感就能感知头发丝六十分之一的精微。

“我的工作就是跟毫厘较劲。”周建民说。工作中，周建民的要求是精益求精。一次，公司生产调度找到周建民，说有个重点项目的量具部件太薄，让他想想办法。周建民发现这个量具加工部件较薄、间隙脆弱，数控切削很容易导致变形，就提出纯手工加工，并把重点放在解决变形上。“这对手的力度感和稳定性要求很高，稍不准确就会导致量具变形报废。”周建民说，既要保证尺寸、对称度，又要把握一丝一毫的细节变化。周建民凭借多年练就的力度感和稳定性，开始尝试对量具进行手工研磨。两天后，加工出的量具一次性通过精密检测，周建民松了一口气。几百万元的高精密进口设备干不了的活儿，就这样被他用双手“拿下”了。

追求极致已经融入周建民的血液中，成为一种工作习惯。正是这种对极致的追求，让他创造了精度达到头发丝六十分之一的“周氏精度”。他完成了1.5万余项专用量规生产制造任务，工艺创新项目1 100余项，累计为公司创造价值3 100余万元。

探究与思考

在你的学习与实践中，是否存在比较容易忽视但又至关重要的细节？你将如何更好地处理这些细节问题？

践行工匠精神要落实到具体行动上。对于每一位技能学子而言，只有树立起对职业敬畏、对工作执着的态度，将一丝不苟、精益求精的精神内核融入每一个工作细节，匠心独运、探索新知、知行合一、扎实践行，才能在建设社会主义现代化国家的新征程中更好地实现自我、服务社会。

二、技能报国

实现高质量发展，离不开高技能人才的坚实支撑。加快培养更多高素质技术技能人才、能工巧匠和大国工匠，对于加快建设现代化产业体系、增强国家核心竞争力具有重要意义。

目前，我国技能人才总量已超 2 亿人，高技能人才超过 6 000 万人，占技能人才总量的约 30%。

大国工匠在各自的岗位上，用诚实劳动、精湛技艺、不懈进取，为国家富强、民族复兴默默工作着，他们贡献力量，创造价值，用辉煌的成就谱写了一曲又一曲技能报国的动人赞歌。

中国航空发动机集团首席技能专家、高级技师李志强在一次产品排故中，打破原有需将产品分解后操作的做法，在近零下 30 摄氏度的条件下脱下棉衣，在不到 8 厘米的管路间隙中勉强伸手操作，凭他精湛的装配技艺盲排盲装，连续工作 12 小时，成功排除了产品的故障，保证了任务的需要，体现出“偏毫厘不敢安”的一丝不苟。南方电网云南电网有限责任公司昆明供电局继电保护工、特级技师李辉从事继电保护一线工作30多年以来，一直用专业技能守护着电网安全，在防止大面积停电事故、提高供电可靠性等方面起到至关重要的作用。作为全国示范性劳模创新工作室、国家级技能大师工作室带头人，他带领团队先后完成技术攻关60余项，体现出“干一行、钻一行”的精益求精精神。新时代，许多像李志强、李辉这样的大国工匠，他们精于工、匠于心、品于行、创于新，在重大项目、重要领域中，技艺精湛、奉献卓越，更在行业进步、工艺智能化提升中引领开拓，在助推中国式现代化的道路上彰显着大国工匠的时代光彩。

专题阅读

张帅坤：做中国人自己的盾构机

深江铁路珠江口隧道工程是国内水下埋深巨大的海底隧道工程。这个工程中超大直径盾构机的总设计师，就是来自中国铁建重工集团股份有限公司的张帅坤。

盾构机由上万个零部件构成，集机械、液压、电气等尖端技术于一体，是公认的工程机械之王。曾经，我国重大隧道工程所用的盾构机全部依靠进口，不但价格昂贵，而且不能适应我国不同地域千差万别的地质条件。

做中国人自己的盾构机！怀着这个梦想，张帅坤不要任何额外待遇，主动申请离开管理岗位，到杭州的一个在建项目，从盾构机司机做起，一头扎进了隧道里。

隧道里面阴暗、潮湿、高温，温度达到了 40 多摄氏度，人在里面有一种窒息缺氧的感觉。当时的盾构机，驾驶室空间非常狭小，遇到危险复杂地层，精神要高度集中，眼睛盯着操作界面几个小时都不能移动。除了开盾构机，他还学习维修，研究盾构机图纸，把工作中遇到的问题和解决方案细心地记录下来。

2010 年，研制国内首台复合式泥水平衡盾构机的任务落到了当时还不到 30 岁的张帅坤肩上。在档案室里，至今还存放着多年前张帅坤和团队绘制的一万五千多张图纸。

2013 年，国产首台复合式泥水平衡盾构机成功下线。随后张帅坤又带领团队，向着十米以上的国产大直径盾构机迈进。后来，他参与的我国自主研制的盾构机超大直径主轴承也顺利下线，打通了盾构机全产业链自主化的最后一环。

多年以来，张帅坤领衔研制的国产大直径盾构机，不仅打破了国外技术垄断，让国内各类重大复杂工程的建设成为可能，还不断走出国门，装备世界。国产盾构机用强大的"心脏"，坚实的"筋骨"，证明了中国制造的实力。

近年来，党和国家高度重视技能人才的成长，《关于加强新时代高技能人才队伍建设的意见》《中共中央　国务院关于深化产业工人队伍建设改革的意见》等政策相继出台；职业技能竞赛、职业资格评价、职业技能等级认定、专项职业能力考核等，成为技能人才展示自我的重要平台，正不断激励着广大劳动者特别是有志青年走技能成才、技能报国之路。

专题阅读

中华人民共和国第二届技能大赛举行

2023 年 9 月，中华人民共和国第二届技能大赛在天津举行。全国共有 4 045 名选手参加本届大赛，代表了相关项目的国内最高技能竞技水平。那么，这些选手有哪些特点呢？

从身份看，职工身份参赛选手和高学历参赛选手大幅增加。参赛选手中职工 2 189 人、学生 1 830 人、灵活就业人员 26 人，共来自 1 473 家单位。职工选手占比 54.1%，比第一届大赛增加 7.6 倍；学生选手中，大中专院校和技工学校学生达

1 638 人，占比 89.5%。技工院校、职业院校参赛积极性高。高学历参赛选手多数集中在新职业和数字技术技能领域，表明技术技能融合发展的大趋势，对不同学历层次人才技术技能水平提升的需求加大。

从年龄看，年轻选手是主体。本届大赛全部选手平均年龄 26.4 岁，较第一届大赛增加 4.6 岁。选手中年龄最大的 58 岁，最小的 16 岁，30 岁以下的选手占 67%。

从构成看，参赛选手特色鲜明。本届大赛共有男选手 3 087 名，女选手 958 名。飞机维修、工业控制、轨道车辆技术等项目以男选手为主，美容项目全部是女选手。男女选手比例相对均衡的有花艺、美发、3D 数字游戏艺术、计算机软件测试等项目。同时，本届大赛有少数民族选手 404 人，来自 29 个民族。

探究与思考

你认为新时代劳动者拥有“一技之长”的重要性是什么？

“国之兴，长于政；政之兴，在得人。”得人才者得天下，人才是第一生产力。技能人才是国家的宝贵资源，重视和抓好技能人才的培养，对促进经济发展、产业升级、推动产业高质量转型、提升综合国力、建设世界强国，具有重要意义。

对于技能学子而言，要做到技能报国，就要自觉树立爱国奉献的远大理想。伟大事业始于伟大理想，理想是奋斗目标。只有志存高远，干事才会有激情，奋斗才会有动力，事业才会有大发展。劳动者要树立爱国意识，心系祖国，始终做到把自己的成长进步、职业发展同国家前途命运紧紧联系在一起，与国家心连心、同呼吸、共命运；关心社会发展、国家大事，用学到的本领服务人民、报效祖国。

专题阅读

技能报国：时代舞台广阔，技能人才大有可为

从先进制造业到战略性新兴产业，再到现代服务业，一大批技能人才在职业技能竞赛的大舞台上脱颖而出，他们磨炼精湛技艺、切磋技术本领、用奋斗与汗水书写精彩的人生。

技能人才培养工作取得积极成效，人才规模明显扩大，这些成绩的取得是大量技能人才长期艰苦磨炼、扎实提高技艺的结果，更是越来越多的劳动者投身技能成才、技能报国之路的生动缩影。

从“嫦娥”奔月到“祝融”探火，从建设港珠澳大桥到建设北京大兴国际机场……诸多重大项目、重大工程的顺利实施，都离不开高技能人才的奉献与付出，在“人人皆可成才、人人尽展其才”的时代背景下，中国技能人才队伍将迎来黄金发展期。

随着我国进入高质量发展阶段，各行各业都迫切需要大批技艺精湛、精益求精的技术工人。近年来，为提高技术技能人才的社会地位，大力弘扬工匠精神，相关部门持续加大制度创新、政策供给和投入力度：新修订的《中华人民共和国职业教育法》为培养更多高素质劳动者和技术技能人才、打造现代职业教育体系夯实法治基础；《技能人才薪酬分配指引》出台，推动企业建立健全符合技能人才特点的工资分配制度；人力资源社会保障部等七部门印发《关于实施高技能领军人才培育计划的通知》，提出力争用 3 年左右时间，全国新培育领军人才 1.5 万人次以上，带动新增高技能人才 500 万人次左右。

时代舞台广阔，技能人才大有可为。相信会有越来越多的劳动者投身技能成才、技能报国之路，在奋斗中绽放风采。

探究与思考

新时代给了技能学子宽广的舞台施展才能，请结合你学习的专业和其他同学分享一下你对未来工作的期望。

习近平总书记强调:“我国经济要靠实体经济作支撑，这就需要大量专业技术人才，需要大批大国工匠。”技能报国不是一句空话，是一代又一代的国之重匠用行动践行的忠诚诺言。新时代的技能学子不仅要培养爱国主义情怀，还需要躬行实践。

要做到技能报国，就要不断树立明确的工作目标。新时代，每一位技能学子都要有争创一流的魄力，无论做什么工作，都应有争上游、创一流的劲头，不干则已、干就干好的志气，不断激发动力、活力和勇气，走在前列，干出成效，做出新亮点。

“再仔细一点点，离 1 微米的精度就能更近一点点！”为了更好地应对每一次挑战，江苏省企业首席技师陈亮为自己立下了这样一条工作准则。失之毫厘，差之千里。二十年如一日，陈亮在加工模具的精度上“较劲儿”，把“一微米”精度淬炼到量产，从一名模具加工铣工成长为全国劳动模范。

树立一流工作目标，才能对自己的工作精益求精，才能激发自己的无限工作潜能，有目标就有压力，有压力就有动力，有动力就有毅力，只要能坚持朝更高的目标前进，就会获得成功。

在实践中，工作目标的设定应遵循以下原则。一是目标适中。要正确认识自己，结合自身特点，提出恰如其分的目标。目标过高，脱离了实际，会因好高骛远而导致失败；目标过低，不用努力就能实现，也失去了目标存在的意义。二是目标积极。目标要符合自己的职业生涯发展规划，考虑内外环境需要，符合单位需求，符合社会发展规律。三是目标要具体。要明确规定“达到什么程度”“做多少”“做成什么样子”等，越具体，越能促进自己的行动。四是目标多层。要短期和长期目标配合恰当，局部和整体目标有机统一。

专题阅读

陈智勇：技能成才路是一条“阳光大道”

2022 年 10 月，广东省技师学院学生陈智勇在 2022 年世界技能大赛特别赛可再生能源项目上，代表中国出战并获得金牌。这是可再生能源项目列入世界技能大赛比赛项目的首枚金牌，再次向世界展示“中国智造”的实力。

发展可再生能源产业是国家推动能源高质量发展的战略体现，可再生能源项目是世界技能大赛新增项目。项目难度大、技术含量高、操作技能新，对选手综合素质要求特别高。

进入集训队初期，陈智勇遇到了不少困难，从零起步的探索、理论与实操的系统构建、不停歇的高强度训练，对心力、毅力和体力，都是一种巨大挑战。“世界技能大赛有严格的年龄限制，这是我唯一的机会。”陈智勇心无旁骛，埋首于实操基地，学精不厌苦。他的身上留下了训练时被磕碰的很多伤疤。他深深知道，大家的天赋差异不大，唯有更努力更勤奋才能胜出。训练之余，他会浏览相关平台，看别人的创新创意，减压的同时开阔思路。这些辛苦又辛酸的过程，也曾让陈智勇犹豫过，但他还是坚持没有放弃。最终，陈智勇登上了大赛的最高领奖台。

“实现梦想，为国争光，我感到非常骄傲，我不是一个人在战斗，背后是学校、是国家的培养。”面对媒体记者的采访，陈智勇非常感谢国家对技能人才的培养和重视。“现在国家越来越重视技术人才，我希望更多对技术感兴趣的人，像我一样走技能成才、技能报国之路，这也是成才的一条阳光大道。”陈智勇说。

陈智勇用自己的故事告诉技能学子，技能成才之路是宽广的、可行的，让大家领悟了树立高远目标的重要性，“行行出状元”是硬道理，也让更多的青年人结合自身实际，在技能学习中找到自信和人生方向，走上技能成才、技能报国之路。

要做到技能报国，学习是重要的途径。技能学子不仅要学习技能技术，更要提升自身综合素质。开拓和把握“终身学习”的途径，通过公共基础课程和专业课程学习提升自身的理论知识水平；通过技能实训提升自身的技能水平；通过思想政治理论学习提高自身的道德修养。这些都可以为技能学子在践行工匠精神、提升综合素质时提供源源不断的能量。

技能学子还要在实践中不断精进技艺，提升职业技能。伟大事业始于梦想、成于实干。技能学子要在新时代的伟大实践中，勤学苦练、深入钻研，勇于创新、敢为人先，积极打磨精湛技艺，着力提高技能本领，在创新创造中攀登技能高峰。

当今，以科技创新开辟发展新领域新赛道、塑造发展新动能新优势是大势所趋，是高质量发展的迫切要求。技能学子应结合科技发展新趋势，持续开展创新实践，增强自身的数字化意识与数字化技能水平，成为新兴技术、新兴产业的推动者，成为促进新质生产力发展的践行者。

匠心筑梦，需要积极进取、昂扬向上的蓬勃朝气；匠心圆梦，需要劳动光荣、技能宝贵、创造伟大的信念和实践。弘扬工匠精神，打造技能强国的强劲旋律，必将激励亿万劳动者特别是青年技能学子在钻研新技术、掌握新技能、争创新成就的工匠之路上，书写不负韶华、不负人民、不负时代的绚丽篇章。

实践活动

以“技能成才、强国有我”为主题，讲述技能成才、技能报国的故事。

活动要求：通过讲述劳模工匠、技能大师和身边榜样的故事，并结合个人成长过程和未来职业生涯规划，诠释对工匠精神的理解，题目自拟。

活动形式：讲述方式多样，可采取单人演讲、多人演讲、视频制作展示等形式，同时可配电子演示文稿（PPT）、音乐、照片等，可邀请班主任、任课教师担任评委。